高等职业教育教材

机场危险品与爆炸物安全处置

JICHANG WEIXIANPIN YU
BAOZHAWU ANQUAN CHUZHI

邢静 主编

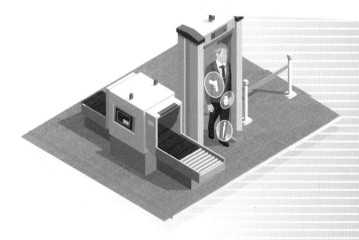

化学工业出版社
·北京·

内容简介

本书是空中乘务专业系列教材之一。本书根据《国家职业技能标准——安检员（民航安全检查员）》进行编写，结合我国民航安全技术检查工作的实际情况，较为系统地介绍了危险品安全管理、危险品识别、危险品防火防爆、危险品处置、爆炸物识别、防爆安全检查、爆炸物处置、危险品和爆炸物应急处置等内容。本书以高职高专教育教学理念为指导，以任务为导向，采用项目化形式编写，体现教与学的良性互动，旨在培养民航安全技术检查各岗位的综合职业素养与操作技能。本书为国家职业教育空中乘务专业教学资源库《机场危险品与爆炸物安全处置》课程配套教材，部分富媒体资源可扫描书中二维码阅读观看。

本书适合各大院校民航安全技术管理及相关专业的学生使用，同时也可作为机场危险品地面服务代理人、民航安全管理者的参考用书。

图书在版编目（CIP）数据

机场危险品与爆炸物安全处置/邢静主编.—北京：化学工业出版社，2021.10（2024.5重印）
ISBN 978-7-122-39696-9

Ⅰ.①机… Ⅱ.①邢… Ⅲ.①机场-危险物品管理-高等职业教育-教材②机场-爆炸物-危险物品管理-高等职业教育-教材 Ⅳ.①V35

中国版本图书馆CIP数据核字（2021）第156724号

责任编辑：王　可　朱　理　旷英姿　　装帧设计：王晓宇
责任校对：刘　颖

出版发行：化学工业出版社（北京市东城区青年湖南街13号　邮政编码100011）
印　　装：北京瑞禾彩色印刷有限公司
787mm×1092mm　1/16　印张12½　字数335千字　2024年5月北京第1版第2次印刷

购书咨询：010-64518888　　售后服务：010-64518899
网　　址：http://www.cip.com.cn
凡购买本书，如有缺损质量问题，本社销售中心负责调换。

定　　价：49.80元

编写人员名单

主　编　邢　静

副主编　钟　科　温宝琴

　　　　　刘　英　谭卫华

参　编　吴巧洋　兰　琳

　　　　　邓丽君　李芙蓉　王爱娥

前言

《机场危险品与爆炸物安全处置》是一门专业性和实践性很强的课程，是民航服务从业人员的必修课。本书为高等职业教育新形态立体化、工作手册式教材。本教材以职业能力培养为目标，教材内容经过广泛调研和充分论证，根据岗位工作的实际编写而成。项目设计实操性强，以实践项目、工作任务为载体组织教学单元，理论及实践教学内容选取灵活，与实际结合紧密，使学生学以致用。同时，本教材在课程教学中融入思政内容，潜移默化地提高学生的思想道德水平。

本教材结合民航安全检查员“1+X”证书，即五级、四级、三级民航安全检查员（含货检）的理论和技能知识要求，以民航安全技术检查各岗位职责为基础，教学做一体化，可适应学生理论学习、实践操作等不同学习方式的要求。

本教材同时配套相应信息化教学资源，以二维码的方式植入教材，学生可随时扫描二维码反复学习，增加了教学的直观性与便利性。本教材匹配国家职业教育空中乘务专业教学资源库《机场危险品与爆炸物安全处置》课程，方便教师开展“线上＋线下”的混合式教学。

本教材由长沙航空职业技术学院邢静担任主编，钟科、温宝琴、刘英、谭卫华担任副主编，吴巧洋、兰琳、邓丽君、李芙蓉、王爱娥参与编写。全书共分九个项目，谭卫华编写了项目一，钟科编写了项目二、三，温宝琴编写了项目四、六，邢静编写了项目五、七、九，刘英和西安航空职业技术学院邓丽君编写了项目八。邢静负责全书结构设计、统稿和定稿工作。吴巧洋、兰琳参与了各单元编审，李芙蓉、王爱娥参与了全书校对。邵阳武冈机场安检站站长刘义为本书审稿，并提出了宝贵的建议。

本教材可供各大院校民航安全技术管理及相关专业的学生使用，同时也可作为机场危险品地面服务代理人、民航安全管理者的参考用书。本教材在编写过程中参考了大量的文献资料，在此谨向相关作者致以诚挚的敬意！由于编者水平有限，书中难免有疏漏之处，恳请读者批评指正！

编　者

2021 年 6 月

目录

项目一 危险品安全管理

学习目标

能力目标

（1）能认识危险品。

（2）能认识机场危险品的安全管理工作。

知识目标

（1）掌握危险品的主要特性。

（2）掌握危险品的国际、国内法律法规。

（3）了解危险品安全管理机构的职责。

素质目标

（1）培养辩证思维，树立爱国主义思想、风险忧患意识。

（2）树立良好的职业道德，遵纪守法，敬畏生命，敬畏规章。

（3）养成严谨细致、吃苦耐劳的职业习惯和职业素养，爱岗敬业，敬畏职责。

任务一 认识危险品

任务资讯

我国危险品的航空运输可以追溯到20世纪50年代。那时，航空运输的危险品主要是农药和极少量的放射性同位素。当时的中国民航局为此先后拟定了《危险品载运暂行规定》和《放射性物质运输的规定》。20世纪60年代初期，中国民航仅通航苏联、缅甸、越南、蒙古和朝鲜等周边国家。国际国内货物运输量都非常少。1961年后，为确保航空运输的安全，民航客货班机一律不载运化工危险品和放射性同位素。但此后的10余年间，随着我国对外交往的日趋活跃、对外贸易的不断发展，巴基斯坦航空、法国航空相继开航中国。中国民航也开辟了北京—莫斯科、北京—上海—大阪—东京、北京—卡拉奇—巴黎和北京—德黑兰—布加勒斯特—地拉那航线，进口化学危险品的空运需求不断增多。国内航线上虽不能载运危险品，但越来越多的化学工业品走进人们的生活，民航运输部门不得不面对如何确定托运人所托运的货物是否属于危险品、是否可以收运的问题。而外航承运到达中国的货物中也常包含有危险物品，且最终目的地通常为航班终点站以外的其他城市。第一次社会需求的大增促使政府解除禁令。

中国自1974年恢复参加国际民航组织（International Civil Aviation Organization, ICAO）活动以来，依据国际民航组织的《危险品航空安全运输技术细则》以及《中国民航危险品运输管理规定》的统一规定运输危险品，取得了40余年安全运输的成果。然而，随着时代的发展和科技的进步，危险品的种类和运输要求也有了变化。

一、危险品的定义

化学品中具有易燃、易爆、毒害、腐蚀、放射性等危险特性，在生产、储存、运输、使用和废弃物处置等过程中容易造成人身伤亡、财产毁损、污染环境的均属危险化学品（以下简称“危险品”)。根据美国《化学文摘》的数据，全世界已有的化学品多达700万种，其中已作为商品上市的有10万余种，经常使用的有7万多种，每年全世界新出现的化学品有1000多种。其中，约三分之一的化学品具有较大程度的危险性，属于危险化学品，如汽油、炸药、强酸、强碱、苯、萘、赛璐珞、过氧化物等。因此，化学品在造福人类的同时，也给人类生产和生活带来了很大的威胁，在生产、运输、储存、销毁时应该科学妥善处理。

危险品这一定义包含了以下3层含义。

（1）危险品是一类具有爆炸、燃烧、毒害、腐蚀、放射性等特殊性质的物质或物品。这些性质是容易造成运输中发生火灾、爆炸、中毒等事故的内在因素和先决条件。

（2）危险品容易造成人身伤亡和财产损毁。这一点指出了危险货物在一定条件下，比如由于受热、摩擦、撞击、与性质相抵触物品接触等，发生化学变化所产生的危险效应。这种危险不仅使货物本身遭到损失，更主要的是危及周围环境，对人员、设备、建筑造成一定程度的损害。

（3）危险品在运输装卸和存储过程中需要特别防护。这里所指的特别防护，不仅是指一般所要求的轻拿轻放、谨防明火等，更主要的是指针对各类危险品本身的特性所必须采取的“特别”的防护措施。例如，有的危险品需避光、有的危险品需要控制温度、有的危险品需控制湿度、有的危险品需添加抑制剂等。

以上三点，缺一都不能称为危险品。

危险品的定义可扫描 M1-1 查看。

M1-1　危险品的定义

二、危险品的特性

危险品具有种类繁多、危害大、存储运输要求高、危害性易被忽视等特点，危险品的航空运输直接关系民航安全。以下是几类危险品的特性。

1. 易燃易爆气体的危险特性

（1）容器破裂甚至爆炸的危险。本类物品都是灌装在耐压容器中，由于受热、撞击等原因造成容器内压力急剧升高，或由于容器内壁被腐蚀、容器材料疲劳等原因使容器耐压强度下降，都会引起容器破裂或爆炸。

（2）气体物质本身的化学性质引起的危险。此类气体有的易燃易爆，有的有毒，有的具有腐蚀性等，一旦溢漏，因其本身的化学性质，可能引起火灾、爆炸、中毒、灼伤、冻伤等事故。即使化学性质不活泼的惰性气体和二氧化碳的溢漏，也会引起死亡。

2. 易燃液体的危险特性

这类液体的蒸气与空气混合到一定比例时就形成爆炸性混合物，遇到火星即能引起燃烧或爆炸。而且易燃液体一般或多或少具有麻醉性和毒性，人体吸入可能会引致麻醉，重者甚至死亡。

3. 易燃固体的危险特性

燃点较低，遇明火即可点燃；遇火、受热、撞击、摩擦或与氧化剂接触后，极易引起燃烧；粉尘有爆炸性。

4. 自燃物品的危险特性

自燃物品其化学性质活泼，燃点低，易氧化，氧化分解时能放出大量的热，当达到自身燃点时即自行燃烧。如白磷在空气中极易自燃，硝化纤维素燃点为 120 ～ 160℃，在存放较久、通风不善、大量堆放的条件下也可能发生自燃。

5. 遇湿易燃物品的危险特性

遇湿易燃物品吸收空气中水蒸气或接触到水分时能迅速分解产生高温，并放出易燃气体而引发燃烧乃至爆炸，遇到酸和氧化剂也会发生剧烈反应，有更大的危险性。

6. 氧化剂的危险特性

具有强烈的氧化性，遇酸、碱，或遇潮湿、高热、摩擦、冲击或与其他有机物还原剂等接触，能发生分解并可能引起燃烧或爆炸。

7. 毒害品的危险特性

少量侵入人体或接触皮肤，能与机体组织发生作用破坏正常生理功能，引起机体产生暂时或永久性病变、中毒，甚至死亡；有机毒害品具有可燃性，遇明火、高热、氧化剂接触会燃烧爆炸，毒害品燃烧时，又会放出有毒气体，加剧其危害性；氰化物与酸或水反应会放出剧毒的氰化氢气体；不少毒害品对人体和金属还具有较强的腐蚀性，强烈刺激皮肤和黏膜，甚至发生溃疡加速毒物经皮肤入侵。

8. 放射性物品的危险特性

放射性物品所放射的射线分为α射线、β射线、γ射线和中子流4种。放射性同位素按物理状态可分为固体、粉末状、晶体状液体、气体等数种，它们都有不同程度的毒性。如果人体在短时间内受到放射性物品50伦琴以上的大剂量照射时，会引发急性放射性疾病，重者休克或死亡。许多放射性物品毒性很大，不能用化学方法中和使其不放出射线，只能设法清除或者用适当的材料予以吸收屏蔽。

9. 腐蚀品的危险特性

腐蚀品具有强烈的腐蚀性，对人体会造成化学烧伤，对物品会形成腐蚀，假如被带上飞机，如果包装破损则极有可能造成机毁人亡的事故。另外，很多腐蚀品同时还具有毒性、易燃性或氧化性等性质中的一种或数种。

许多有商业需求的物品都是危险品，如医药中间体、油漆、电池、有时效性的医用同位素以及冷冻物品等，有时候航空运输是这些物品的唯一选择。有些危险品是飞机满足适航和运营要求所必需的，如航空油料、航空电池、灭火器及救生器材。如果危险性能够被识别，危险品申报单的填写、包装、存储等各个环节都完全符合要求，严格控制操作过程并认真履行责任，危险品的航空运输是可以安全进行的。

三、危险品的法律法规

案例引导

巴彦淖尔机场组织开展危险品知识培训

为不断提高巴彦淖尔机场危险品航空运输管理水平，确保危险品航空运输安全，巴彦淖尔机场开展了为期6天的危险品知识培训。此次开展的危险品培训主要针对新员工和证件到期的老员工进行，岗位涉及客运、货运及安检等相关部门。讲师根据巴彦淖尔机场工作实际情况，详细讲述了危险品定义及分类、危险品航空运输法律法规、危险品紧急情况应急处置、锂电池航空运输知识等。

来源：王钟爱.巴彦淖尔机场组织开展危险品知识培训[N].中国民用航空网，2018-08-14.

作为机场工作人员，应该了解危险品运输应遵循哪些法律法规。

随着现代经济和物流产业的发展，国内外各部门之间产品的周转速度越来越快，其中化学、化工、生物、医药和矿物等类别的产品种类日益增多，在航空运输中所占的比例也越来越大，随之而来的危险品运输问题也日趋突出。国际民航组织（ICAO）和国际航空运输协会（IATA）关于危险品航空运输的法律法规每年都在不断地进行增补，以满足正确、合理运输危险品的要求。但是有些时候是在事故发生之后才能针对该事故进行法律法规的修改。目前航空运输危险品应遵循的法规有如下几类。

（一）国际法律法规

1.《关于危险货物运输的建议书——规章范本》

联合国专家委员会（United Nation Committee of Experts，CoE）根据技术发展情况、新物质和新材料的出现、现代运输系统的要求，特别是确保人民、财产和环境安全的需要对于非放射性的危险品运输制定了建议性规则：《关于危险货物运输的建议书——规章范本》（UN - Recommendations on the Transport of Dangerous Goods—Model Regulations，简称《规章范本》）。由于该《规章范本》的封面是橘黄色，所以又称橙皮书。

2.《放射性物品安全运输规则》

国际原子能机构（International Atomic Energy Agency，IAEA）对放射性物品运输制定了建议性规则：《放射性物品安全运输规则》(IAEA-Regulations for the Safe Transport of Radioactive Material)。此规则规定了与放射性物质运输有关的安全要求，包括包装的设计、制造和维护，也包括货包的准备、托运、装卸、运载（包括中途储存），货包最终目的地的验收。

3.《芝加哥公约》及其附件 18 和《危险品航空安全运输技术细则》

国际民航组织（International Civil Aviation Organization，ICAO）是联合国的组织之一，于1944 年《芝加哥公约》（即《国际民用航空公约》）签订后成立。国际民航组织拟定了《国际民用航空公约》附件 18，即《危险品的安全航空运输》。《国际民用航空公约》属于国际性公约，所有缔约国都必须执行。各缔约国家可以在此公约的基础上制定适合本国情况的更加严格的法律法规。

目前，指导危险品航空运输的主要国际法规是《芝加哥公约》及其附件 18。《芝加哥公约》及其附件 18 具有国际法的地位，中国作为缔约国应遵守其相关要求。由于危险品技术环节有很多内容，所以国际民航组织又出台了 9284 号文件，即《危险品航空安全运输技术细则》(简称《技术细则》或 TI)，来进一步补充附件 18 的一些技术要求，1983 年 1 月 1 日生效。文件中有详细的技术资料并提供了一整套完备的国际规定，以支持附件 18 中的各项规定。该文件每两年发布一次。为了解决飞行人员在空中遇到紧急情况如何处理机载的危险品的问题，国际民航组织又出台了 9481 号文件，即《机载危险品意外事件应急处置指导》，主要用于指导机组人员对机载危险品进行正确处置，保障飞行安全。

4.《危险品规则》

国际航空运输协会（International Air Transport Association，IATA）出版发行的《危险品规则》，简称为 DGR。这一规则包括了技术细则的所有要求，并在此基础上，以国际航空运输协会的附加要求和有关文件的细节作为补充。

《危险品规则》基于运营和行业标准实践方面的考虑，增加了比 ICAO《危险品航空安全运输技术细则》更具约束力的规定要求。这是行业普遍使用的手册，每年更新一次。由于《危险品规则》使用方便、可操作性强，在世界航空运输领域中作为操作性文件被广泛使用。该法律文件同时发行英语、法语、德语、西班牙语、中文等多种语言的版本。

5.《与危险品有关的航空器事故征候应急响应指南》

该法规由国际民航组织（ICAO）制定，为机组人员提供了危险品处理信息的应急指导程序，又称红皮书。

6.《关于注标塑性炸药以便探测的公约》

1991 年在加拿大蒙特利尔召开的外交会议上通过该公约，该公约的主要内容为责任方需采取适当的方法确保这类塑性炸药的注标能够便于探测，以防止与塑性炸药的使用有关的非法行为。各机构被强制采取必要的和有效的措施，禁止和防止在其领土上制造未注标的塑性炸药；同样禁止和防止未注标的塑性炸药流入或流出其领土。

（二）国内法律法规

我国是化学品生产和进出口的大国，我国政府十分重视化学品的安全生产、安全流通和安全使用，在吸取了众多危险化学品事故及国外经验基础上，相继颁布了一系列法律、法规、规章和标准，对化学品实行全生命周期管理。

1.《中华人民共和国民用航空法》

第一百零一条规定：公共航空运输企业运输危险品，应当遵守国家有关规定。禁止以非危险品品名托运危险品。禁止旅客随身携带危险品乘坐民用航空器。

第一百一十七条规定：托运人应当对航空货运单上所填关于货物的说明和声明的正确性负责。

《中华人民共和国民用航空法》和其他一些法规条例构成危险品空运管理的上位法，比如《中华人民共和国放射性污染防治法》《民用爆炸物品安全管理条例》《危险化学品安全管理条例》等。这些法规虽然不是专门针对航空运输环节的管理而制定，但在危险品航空运输环节必须遵守。

2.《中国民用航空危险品运输管理规定》(CCAR—276)

《中国民用航空危险品运输管理规定》（中国民用航空局令第 216 号 CCAR-276-R1）是中国政府危险品运输管理的主要法规，于 2014 年 3 月 1 日起实施。中国民用航空局（简称“民航局”）对危险品航空运输活动实施监督管理；民航地区管理局依照授权，监督管理本辖区内的危险品航空运输活动。从事航空运输活动的单位和个人应当接受局方关于危险品航空运输方面的监督检查，以确定其是否符合 CCAR-276-R1 部的要求。

CCAR-276 的基本原则：

（1）航空公司承运危险品必须取得民航总局颁发的危险品运输许可。

（2）无论是否运输商业危险品，航空公司都应编写《危险品手册》和《危险品训练大纲》，建立危险品操作程序（包括隐含危险品的识别程序），对员工进行培训。

（3）托运人有对货物进行正确申报和包装的责任。

（4）运营人有对货物检查的责任。

该规定的制定主要参考了《芝加哥公约》附件 18，以使国内行业规定与国际接轨。航空公司获得了危险品运输许可并不意味着航空公司可以在所有机场运输所有种类的危险品。危险品分一类到九类，航空公司根据自身的条件可以运输不同的危险品。机场也一样，不同类别的危险品正常周转和操作需要不同的安全保障设施和设备，应急情况下更是需要专业的训练和专门的应对程序。所以航空公司运输危险品是根据危险品的特性、机场的处置能力以及人员的培训情况，分类配套实施的。2007 年 3 月，国际民航组织对中国民用航空局做了一次全面安全审计，审计结果认为后者在危险品空运管理的建章立制方面卓有成效，但是还需继续努力加强法规的实施。

3.《中国民用航空安全检查规则》

民用航空安全检查机构（以下简称“民航安检机构”）按照有关法律、行政法规和《中国民用航空安全检查规则》，通过实施民用航空安全检查工作（以下简称“民航安检工作”），防止未经允许的危及民用航空安全的危险品、违禁品进入民用运输机场控制区。

《中国民用航空安全检查规则》可扫描 M1-2 查看。

M1-2《中国民用航空安全检查规则》

4.《中华人民共和国民用航空安全保卫条例》

为了防止对民用航空活动的非法干扰，维护民用航空秩序，保障民用航空安全，制定本条例。该条例于 1996 年 7 月 6 日以中华人民共和国国务院令第 201 号的形式发布。

5.《危险化学品安全管理条例》

2002 年出台的《危险化学品安全管理条例》对危险化学品的生产、经营、运输、储存、使用和处置废弃都作了具体规定。随着《危险化学品安全管理条例》的颁布与实施，危险化学品的安全管理已越来越受到重视。针对危险化学品的安全管理专项整治工作已在全国范围内展开，相信我国政府的这项举措能够全面推动我国危险化学品的安全管理工作，并且有效扭转我国危险化学品事故多发的被动局面。

6.《民用爆炸物品安全管理条例》

我国对民用爆炸物品管理方针是积极预防、严格管理、服务生产、保障安全。《民用爆炸物品安全管理条例》是为了加强对民用爆炸物品的安全管理，预防爆炸事故发生，保障公民生命、财产安全和公共安全制定的条例法规，自 2006 年 9 月 1 日起施行。2014 年 7 月 29 日经国务院第 54 次常务会议《关于修改部分行政法规的决定》对该条例进行修正。

我国对民用爆炸品的监管可扫描 M1-3 查看。

M1-3　我国对民用爆炸品的监管

7.《中华人民共和国突发事件应对法》

为了提高社会各方依法应对各类事故灾难的能力，及时有效控制、减轻和消除各类事故灾难引起的严重社会危害，保护人民生命财产安全，维护国家安全、公共安全、环境安全和社会秩序，迫切需要在总结我国应对各类事故灾难的经验教训、借鉴其他国家成功做法的基础上，根据宪法制定一部规范应对各类事故灾难共同行为的法律。2007 年 8 月 30 日第十届全国人民代表大会常务委员会第二十九次会议通过了《中华人民共和国突发事件应对法》(以下简称《突发事件应对法》)，该法自 2007 年 11 月 1 日起施行。自此我国的应急处置告别了无法可依的局面。《突发事件应对法》分七章共 70 条，是我国事故灾难应急救援管理法规体系的基本立法，也是指导我们进行危险品和爆炸物应急救援处置的法律基础。《突发事件应对法》的出台成为我们应对突发紧急事件处置的最高指导方针，有利于进一步完善我国应急管理法律制度，健全预防为主、统一领导、综合协调、分类管理、分级负责、属地为主的突发事件管理体制和突发事件的预防与应急准备、监测与预警、应急处置与救援、事后恢复与重建方面法律制度，形成政府主导、全社会共同参与的应对突发事件的格局，同时是有效应对各类突发事件，保护人民生命财产安全的重要法律依据。

《突发事件应对法》的详细内容可扫描 M1-4 查看。

化学品特别是危险化学品的安全管理工作，是关系到人民生命、财产安全、环境保护的大事，只有认识到危险品的利弊两面性，遵纪守法，重视对危险品运输规章的学习，才能保障空防安全。

M1-4《突发事件应对法》

工作任务

查阅危险品的法律法规

任务准备

分组复习危险品的法律法规相关内容，并根据查阅的资料把下列内容做成 PPT 。

参考资料：

《中国民用航空安全检查规则》

《危险化学品安全管理条例》

《民用爆炸物品安全管理条例》

《中华人民共和国突发事件应对法》

任务实施

1. 查阅危险品的法律法规的相关文献，制作 PPT

查阅危险品的法律法规，将获取的资料进行整理与总结，以小组为单位制作 PPT。

2. 以小组为单位进行 PPT 专题汇报

首先要讲述法律法规的应用范围，其次要阐述法律法规中对危险品与爆炸物的规定。

任务评价

任务评价主要从同学们的资料准备情况、PPT 制作与汇报情况、团队合作与纪律情况几个方面进行评价，详细内容如表 1-1 所示。

表 1-1 《查阅危险品的法律法规》工作任务评价表

班级			姓名		得分
评价内容	分值	评定等级			
		A（权重 1.0）	B（权重 0.8）	C（权重 0.6）	
学习态度	20	学习态度认真，方法多样，积极主动	学习态度较好，能按时完成学习任务	学习态度有待加强，被动学习，延时完成学习任务	
查阅资料	40	查阅资料方法多样，资料内容丰富，整理有序、合理	查阅资料方法较单一，内容基本能满足要求	没有掌握查阅资料的基本方法，资料准备不足	
PPT 制作与汇报	40	PPT 制作精美、内容翔实、图文兼备；汇报人精神面貌好，思路清晰有条理	PPT 制作完整、内容不够丰富；汇报人能顺利讲完 PPT	PPT 制作缺乏思路，有的内容缺失；有的内容重复；汇报人词不达意	
总计得分					

任务二
熟悉危险品的安全管理职责

任务资讯

案例引导

富蕴机场扎实开展危险品航空运输安全宣传工作

近日，按照民航局三年安全专项整治活动要求，增强以“三个敬畏”为内核的敬畏意识，进一步增强乘机人员及危险品从业人员安全意识，富蕴机场认真贯彻落实民航局工作部署，扎实开展危险品航空运输安全宣传工作。

此次危险品宣教活动，主要由机场危险品运输办公室统一牵头组织，辖区各部门危险品联络员具体组织实施。宣讲主要通过通俗易懂、图文并茂的视频、宣传图册对旅客机上携带充电宝安全注意事项进行详细讲解。通过讲解，加深了员工对机上携带充电宝安全注意事项的认识，并了解了充电宝起火应急处置程序。

为确保此次宣传活动取得实效，后续机场危险品办公室将通过候机楼LED显示屏滚动播放锂电池宣传片，通过张贴宣传图册、发放宣传单、推送宣传资料等形式多举措开展危险品宣传活动，普及危险品携带相关安全管理规定，告知旅客乘机禁止违规托运锂电池。

来源：潘明星.富蕴机场扎实开展危险品航空运输安全宣传工作[N].中国民用航空网,2020-09-07.

作为机场工作人员，该如何了解危险品运输安全管理机构的职责？

世界各国都对危险化学品安全管理工作十分重视。航空运输作为一种特殊的运输方式，整个运输过程受到众多条件的制约，因此在危险品运输的限制条件上，比其他运输方式更为苛刻和严格。民航运输企业不仅要遵守国家关于危险货物运输的相关标准，而且还有很强的行业特点，因此更应具备完善的管理体系。

一、安全管理机构的设置

中国民用航空局（简称民航局）对危险品航空运输活动实施监督管理；民航地区管理局依照授权，监督管理本辖区内的危险品航空运输活动，设有危险品监察员。目前由受过专业培训的危险品监察员按照《危险品监察员手册》的指导实施航空公司危险品运输审定、监督、事件调查和大量的现场检查任务。

机场作为航空运输的特殊场所，虽然不承担危险品的运输责任，但是由于与航空公司业务密切相关，因此也承担一定的管理职责。这种责任主要包括危险品安全检查，危险品货物仓库的选址、建设，危险品事故应急救援，以及危险品消防责任等。

目前民航局（以下简称局方）对机场危险品运输管理的主要方式包括：

① 机场使用许可证换发时，对《危险品手册》中危险品管理部分实施审查和现场检查；

② 对机场危险品运输管理的持续监督检查；

③ 机场综合安全审计是对机场危险品运输管理的审计；

④ 对取得危险品运输许可的航空运营人的检查，包括对从事危险品航空运输的机场（航站及地面操作代理人）的合格条件审查。

机场使用许可证的换发和机场综合安全审计时，局方对机场危险品运输管理审查的主要内容有《危险品手册》（注：《危险品手册》可以包含在《机场使用手册》中）、危险品训练大纲、人员训练、保安、危险品操作、信息提供、事故应急等。

局方对机场危险品运输管理持续监督检查的重点是：人员训练（包括训练内容、训练记录等）、信息提供（包括向旅客、货主、员工、机组提供的信息）、报告程序和应急处置程序等。

二、安全管理机构的职责

（一）机场危险品运输各相关部门的职责

机场危险品运输安全管理机构对危险品运输的安全管理应坚持标准，一丝不苟，注重查找隐患，发现安全风险，防止流于形式或走过场。建议可由机场安监处或安全质量部门等相关部门担任，建议机场配备专职危险品运输监管人员，该人员应具备相应的专业知识，熟悉相应法律法规。

机场当局应明确相关单位关于危险品运输管理的职责。机场危险品运输管理一般涉及以下部门：安全监督部门、客运部门、货运部门、安检部门、运营指挥中心、应急处置机构（应急救援指挥、公安、消防、医疗救护）、人力资源（培训）等。明确各方职责是保证安全的前提。

1. 危险品运输监督管理机构的职责

按照局方要求，制定机场危险品运输保障方案及危险品运输应急预案；起草、编写机场危险品运输相关文件；整体负责本机场危险品航空运输的日常管理工作；负责机场危险品航空运输的监督、检查工作；贯彻执行上级有关危险品运输指示精神；制订危险品运输训练计划，监督本机场相关单位按法规要求做好危险品运输的初训与复训工作；负责危险品运输不安全事件的通报；负责危险品事件、事故的调查；落实各级检查中提出的有关危险品运输的整改项目和建议，及时消除安全隐患；监督、指导各相关单位开展危险品运输风险管理工作。

2. 客运部门危险品管理职责

按照局方要求，组织相关岗位人员参加危险品初训和复训；向旅客提供足够信息，告知有关技术细则和民航局规定禁止旅客带上航空器的危险品种类；按规定检查、收运旅客交运的行李；落实防止旅客行李中隐含危险品的各项措施；负责客机运输危险品的配载、装卸和信息传递（机长通知单、电报）等工作；开展危险品运输风险管理工作。

3. 货运部门危险品管理职责

按照局方要求，组织相关岗位人员参加危险品初训和复训；向托运人提供足够信息，告知危险品航空运输的相关要求和法律责任；落实防止普通货物中隐含危险品的各项措施；按局方要求办理危险品进、出港业务（危险品收运检查、存储、保安、配载、机场内地面运输、货机装卸、到达危险品处理、文件和资料整理、信息传递等）；开展危险品运输风险管理工作。

4. 安检部门危险品管理职责

按照局方要求，组织相关岗位人员参加危险品初训和复训；向旅客提供足够信息，告知有关

图 1-1　危险品展示柜

M1-5　安检部门危险品管理职责

技术细则和民航局规定禁止旅客带上航空器的危险品种类，危险品展示柜见图 1-1；向托运人提供足够信息，告知危险品航空运输的相关要求和法律责任；负责本机场出港机组成员、旅客、货物、行李、邮件的安全检查，防止不符合法律、法规规定的危险物品带上或装上航空器；落实防止旅客行李或普通货物中隐含危险品的各项措施；开展危险品运输风险管理。

安检部门危险品管理职责可扫描 M1-5 查看。

5. 运营指挥中心危险品管理职责

按照局方要求，在接到机场危险品事件、事故报告时，应立即报告公司分管安全的副总经理和总经理，并启动应急预案，发布应急救援指令，组织实施应急救援；参与危险品事件、事故的调查；负责组织实施危险品应急预案的演练。

作为机场工作人员要提高辨风险、识风险、控风险的能力，加强危险品航空运输管理，保证航空运输安全。

（二）《危险品手册》

CCAR-276 规定，运营人应制定《危险品手册》，获得局方的认可。《危险品手册》可以编入运营人运行手册或运营人操作和运输业务的其他手册，但应建立和使用适当的修订系统，以保持《危险品手册》的最新和有效。确保运营人及其代理人雇员在履行相关职责时，充分了解危险品手册中与其职责相关的内容，并确保运营人对于危险品的操作和运输按照其《危险品手册》中规定的程序和指南实施。

机场《危险品手册》中的内容应至少包括：有关危险品航空运输管理和监督的机构和职责；危险品航空运输的技术要求及其操作程序；旅客和机组人员携带危险品的限制；危险品事件的报告程序；托运货物和旅客行李中隐含的危险品的预防；其他有关安全的资料和说明。《危险品手册》中的内容还应包括：危险品定义及航空运输的限制；危险品的包装；危险品的标记和标签；危险品操作的基本原则；危险品的收运；危险品的存储；危险品的装卸；危险品出港处理程序；危险品进港交付程序；信息提供；危险品事件应急响应程序；危险品事故、事件的报告程序；危险品训练及人员要求；对航空公司与货运代埋人的要求等。

《危险品手册》中关于应急响应的内容应和机场使用手册、机场应急救援手册相一致；《危险品手册》中的报告程序应与机场信息报告制度相一致。危险品应急响应程序应至少包括：危险品应急响应简明程序；一～九类危险品泄漏事件应急指南；一～九类危险品消防灭火指南；危险品应急响应具体联系单位和电话等。

机场应根据《危险品手册》的要求，定期开展应急演练，不断提高机场危险品事件应急处理能力。

（三）危险品知识的相关培训

危险品可能会出现在货物、邮件和快件、旅客和机组行李（交运和随身携带）、机上供应品、航空器设备、紧急航材、运营人物资之中，通过这些途径被装上飞机。在很大程度上，确保空中和地面危险品运输安全，取决于有关人员对危险品的了解以及对危险品运输规则的正确理解和运用。参训人员类别及最低要求应参照 ICAO-TI 和 CCAR-276 部的规定。机场在组织培训时，尤其要加强对相关法律、法规的学习。

机场至少应对以下人员实施相应类别的危险品训练：危险品收运人员，普通货物和邮件收运人员，负责货物、邮件和行李的搬运、存储及装卸的人员，值机人员，配载人员，负责对旅客、行李、货物进行安全检查的人员。除此之外，机场以下类别人员也必须接受危险品知识的培训：和危险品运输有关的各级管理人员、机场危险品运输监督机构人员（必须按 6 类人员要求训练）、机场运营指挥中心指挥员（应急响应）等。尤其应加强对安检人员（包括负责货物、旅客和行李安检的人员），特别是货检人员（含邮检）的安全培训。

ICAO 和 IATA 将受训人员归为 12 类人员，如表 1-2 所示。

表 1-2　危险品培训人员类别表

类别	人员名称
1 类	托运人及承担托运人责任的人员
2 类	包装人员
3 类	负责处理危险品的货运代理人员
4 类	负责处理货物、邮件或供应品（危险品除外）的货运代理人员
5 类	负责货物、邮件或供应品的操作、存储和装载的货运代理人员
6 类	运营人及其地面操作代理收运危险品的人员
7 类	负责收运货物、邮件或供应品（危险品除外）的运营人及其地面操作代理机构的人员
8 类	负责货物、邮件或供应品的操作、存储和装载的运营人及其地面操作代理机构的人员
9 类	旅客服务人员
10 类	运营人、飞行机组人员和配载人员
11 类	客舱机组成员（飞行机组除外）
12 类	安全检查人员

危险品在地面发生爆炸、燃烧、泄漏、污染等紧急情况，严重威胁公共安全、人员生命或财产安全时，相关部门应立即作出应急反应，迅速通知所有相关人员，指挥现场人员安全撤离，同时通知应急救援机构，在可能的情况下应作出初步处理以缩小危害范围，同时保护现场并等待专业人员进一步处理。

厘清机场危险品的安全管理职责

任务准备

分组复习危险品的安全管理相关内容。

任务实施

1. 查阅相关文献，制作 PPT

查找机场客运部门、安检部门、货运部门的危险品管理职责，将获取的资料进行整理与总结，以小组为单位制作 PPT。

2. 以小组为单位进行专题汇报

以小组为单位讲述客运部门、安检部门、货运部门的危险品管理职责。

3. 撰写总结报告

任务评价

任务评价主要从同学们的资料准备情况、团队合作与纪律情况，以及总结报告撰写质量几个方面进行评价，详细内容如表 1-3 所示。

表 1-3 《厘清机场危险品的安全管理职责》工作任务评价表

班级		姓名			得分
评价内容	分值	评定等级			
		A（权重 1.0）	B（权重 0.8）	C（权重 0.6）	
学习态度	10	学习态度认真，方法多样，积极主动	学习态度较好，能按时完成学习任务	学习态度有待加强，被动学习，延时完成学习任务	
查阅资料	20	查阅资料方法多样，资料内容丰富，整理有序、合理	查阅资料方法较单一，内容基本能满足要求	没有掌握查阅资料的基本方法，资料准备不足	
专题汇报	30	汇报人精神面貌好，思路清晰有条理	汇报人能顺利讲完 PPT	汇报人词不达意	
撰写报告	40	报告格式规范，内容完整，思路清晰有条理	报告格式较为规范，内容较完整，有一定的条理性	报告格式、内容经反复修改后才勉强符合要求	
总计得分					

项目评价

一、判断题（正确的打“√”，错误的打“×”）

1. 如果危险品特性能够被识别，危险品申报单的填写、包装、存储等各个环节都完全符合要求，严格控制操作过程并认真履行责任，危险品的航空运输是可以安全进行的。（　　）

2. 化学品具有易燃、易爆、毒害、腐蚀、放射性等危险特性，在生产、储存、运输、使用和废弃物处置等过程中容易造成人身伤亡、财产毁损、污染环境的均属危险化学品。（　　）

3. 硝化棉由于湿润剂散失出现局部干燥，在高温天气等因素的作用下加速分解放热，会积热自燃。（　　）

4. 放射性物品所放射的射线分为 α 射线、β 射线、γ 射线和中子流 4 种。（　　）

5. 危险品在运输装卸和存储过程中不需要特别防护。（　　）

6.《危险品航空安全运输技术细则》是指 ICAO TI。（　　）

7. IATA DGR 两年一版，以 ICAO TI 为基础，但标准高于 TI。（　　）

8.《危险品规则》（*Dangerous Goods of Regulation*）是指 IATA DGR。（　　）

9.《危险品航空安全运输技术细则》是国际航空运输协会出版发行的文件。（　　）

10. CCAR-276 部的全称是《中国民用航空危险品运输管理规定》，于 2014 年 3 月 1 日实施。（　　）

二、简答题

1. 机场危险品运输管理一般涉及哪些部门？

2. 机场应对哪些人员实施危险品训练？

3. 危险品应急响应程序应至少包括哪些方面？

4. 负责货物、邮件或供应品的操作、存储和装载的运营人及其地面操作代理机构的人员属于危险品培训第几类人员？

5. 安全检查人员属于危险品培训第几类人员？

M1-6　参考答案

项目二 危险品识别

学习目标

能力目标

（1）能判断各类危险品的种类。

（2）能识别危险化学品。

知识目标

（1）掌握禁止旅客随身携带或者托运的物品。

（2）掌握机场危险品的识别方法和危险性标签。

素质目标

（1）培养辩证思维，树立风险忧患意识、安全责任意识。

（2）树立“严格检查”的职业习惯，培养“遵章守纪”的职业素养。

任务一 判断危险品的种类

任务资讯

近年来国际形势复杂多变，恐怖活动有增无减，对危险品的识别与检查已经成为国际各界普遍关心的重要问题，在民航业更是如此。危及航空安全的因素不仅有劫、炸机犯罪活动，凡是被带上飞机的易燃、易爆、腐蚀、毒害、放射性等物品，都会对航空安全构成极大的威胁。准确识别危险品，已经成为安全检查人员需要掌握的一项重要技能。

一、爆炸品

案例引导

厦门机场T3安检春节“截获”违禁品五花八门

2016年2月16日，厦门机场T3一天内就查获多起携带烟花、鞭炮事件。中午，安检高峰时期，检查员小王认真、仔细地检查着乘机旅客人身及随身行李，在12时左右执行KA619航班安全检查任务时，发现旅客随身物品图像有疑点，疑似烟火。于是提醒开包员打开检查，发现电光花两盒，询问之下才知道是家里小朋友在大人不知情的情况下放入包内。最后被移交机场公安处理。

来源：易媚媚，吴婷娜，苟春蕾，王恩豪，陈丽霞．厦门机场T3安检春节“截获”违禁品五花八门[N]. 中国民航网，2016-02-18.

作为机场工作人员，请判断烟花、鞭炮属于哪一种爆炸品？

（一）爆炸品的定义

爆炸品是指在外界作用下（如受热、受压、撞击等）能发生剧烈的化学反应，瞬时产生大量气体和热量，使周围压力急剧上升发生爆炸，对周围环境造成破坏的物品；也包括无整体爆炸危险，但具有燃烧、抛射及较小爆炸危险的物品。

（二）爆炸品的分项

爆炸品一旦发生爆炸，往往危害大、损失大、扑救困难，因此从事爆炸品工作的人员必须要熟悉爆炸品的种类。

爆炸品按危险程度分为6项。

① 有整体爆炸危险的物质和物品。例如，硝化甘油（丙三醇）、TNT（三硝基甲苯）。

② 有喷射危险，但无整体爆炸危险的物质和物品。例如，枪弹等。

③ 有燃烧危险并有局部爆炸危险或局部喷射危险或者两种危险都有，但无整体爆炸危险的

物质和物品。例如，烟幕弹、照明弹等。

④ 不呈现重大危险的物质和物品。例如，烟花、爆竹、礼花弹等。在运输中万一点燃或引发时，仅出现小危险的物质和物品。其影响主要限于包装件本身，并预计射出的碎片不大，射程不远。外部的燃烧不会引起包装件几乎全部内装物的瞬间爆炸。

⑤ 有整体爆炸危险的非常不敏感物质。例如，铵油炸药等。具有整体爆炸危险性，但非常不敏感，以致在正常运输条件下引发或由燃烧转为爆炸的可能性非常小。

⑥ 无整体爆炸危险的极端不敏感物品。

（三）常见的爆炸品

1. 导火索

以黑火药为芯体，外层包有棉线，外形与棉绳相似，制成卷筒状，每卷长 50m。对火焰敏感，爆燃点 290 ～ 300℃，爆温 2200 ～ 2380℃，燃速 1cm/s，能用明火或拉火管引燃。接触火焰、电火花或受猛烈撞击摩擦，均能引燃。

2. 雷酸汞

粗制品为灰色或暗褐色晶体或粉末，精制品为白色有光泽针状结晶体，有毒。能溶于温水、乙醇、氨水，不溶于冷水。干燥时对震动、撞击、摩擦极为敏感，而且容易被火星和火焰引爆。用于制造起爆药。在干燥时，即使轻微摩擦、冲击也会引起爆炸，在含水状态下较为稳定。

3. 硝化棉

本品遇到火星、高温、氧化剂以及大多数有机胺（对苯二甲胺等）会发生燃烧和爆炸。如温度超过 40℃时它能分解自燃。本品干燥久储变质，极易引起自燃，一般加入水或乙醇作湿润剂。如湿润剂挥发后，容易发生火灾。含氮量在 12.5% 以下的为一级易燃固体。

二、气体

（一）气体的定义

气体是指在 50℃时，蒸气压大于 300kPa；或在 20℃，标准大气压为 101.3kPa 的条件下，完全呈气态的物质。

（二）气体不同的物理状态

根据其物理状态，气体的运输状态有如下分类。

（1）压缩气体：指在 −50℃下加压包装供运输时完全是气态的气体。这一类别包括临界温度低于或等于 −50℃的所有气体。

（2）液化气体：指在温度高于 −50℃下加压包装供运输时部分是液态的气体。可分为：高压液化气体，临界温度在 −50℃和 +65℃之间的气体；低压液化气体，临界温度高于 +65℃的气体。

（3）冷冻液化气体：指包装供运输时由于其温度低而部分呈液态的气体。

（4）溶解气体：指加压包装供运输时溶解于液相溶剂中的气体。

因此，气体包括压缩气体、液化气体、溶解气体、冷冻液化气体以及一种或多种气体与一种或多种其他类别物质的蒸气的混合物、充有气体的物品和烟雾剂。

（三）气体的分类

气体分为以下 3 类。

1. 易燃气体

易燃气体是与空气中的氧气以一定比例混合后，遇明火、高温或光照可以燃烧，甚至爆炸的气体。

（1）氢气。氢是宇宙中最丰富的元素，是一种无色无臭无味的气体。高温下变得高度活泼，能与许多金属和非金属直接化合。氢气能够燃烧，是一种非常易燃的气体，爆炸极限为 4% ~ 75%；与空气混合形成爆炸性混合物，遇热或明火即会发生爆炸，气体比空气轻，在室内使用和储存时，漏气上升滞留屋顶不易排出，遇火星会引起爆炸。氢气与氟、氯、溴等卤素会激烈反应；应存于阴凉、通风仓库内；仓库内温度不宜超过 30℃；远离火种热源；防止阳光直射；应与氧气、压缩空气、氧化剂卤素等分开存放；轻装轻卸，防止钢瓶及附件破损。

（2）乙炔（电石气）。乙炔又名电石气，是无色、无臭气体，含有硫化物、磷化物时有蒜样气味；微溶于水及乙醇，溶于丙醇、氯仿和苯。工业上乙炔是重要的有机合成原料，也是合成橡胶、合成纤维和塑料的单体，还用于氧炔焊接和切割金属。乙炔极易燃烧爆炸，与空气混合遇明火、受热可爆；遇铜、汞、银、氯、氟可爆。库房应通风、低温、干燥；轻装轻卸；与氧气、空气等钢瓶分开存放。

（3）液化石油气。属于无色气体或黄棕色油状液体，有特殊臭味；极易燃，与空气混合能形成爆炸性混合物；遇热源和明火有燃烧爆炸的危险；与氟、氯等接触会发生剧烈的化学反应；其蒸气比空气重，能在较低处扩散到相当远的地方，遇明火会引着回燃，如图 2-1 所示。

图 2-1　液化石油气

2. 非易燃无毒气体

非易燃无毒气体遇明火不燃，无毒性，无腐蚀性，但有氧化性和窒息性。不燃是相对的，有些在高温下可燃。助燃气体具有氧化性，所以储运时要遵守氧化剂的各项要求和规定，如：氧（氧气）。

氧气是空气的重要组成部分，约占空气的 21%，性质活泼，因此空气的许多化学性质实际上是氧的性质的表现。氧气是无色、无味、无臭，微溶于水，相对密度大于 1 的气体。用于炼钢，切割、焊接金属，医药，染料，炸药，废水处理，航天、潜水、医疗供氧等。

氧几乎能与所有的元素化合。氧气的浓度对其化学性质有很大的影响。空气中氧的含量不大，所以木柴、棉花等能在空气中缓慢地燃烧，铁在空气中生锈。而在纯氧中，反应会变得剧烈得多，在空气中吹灭后仍带余焰的木条能在纯氧中剧烈地燃烧起来，并放出明亮的光；红热的铁丝能在纯氧中剧烈燃烧，发出耀眼的光。同样，油脂在纯氧中的化学反应也比空气中剧烈得多。

液氧为天蓝色，可在临界温度 -180℃以下储存，是氧气在液态状态时的形态。它在航天、潜艇和气体工业上有重要应用。它虽然温度较低，但其液态的高浓度抵消了低温，使液氧成为异常活泼的物质。例如，铁可以在液氧中剧烈地燃烧，燃烧热可使金属熔化。

所有可燃物质（包括气、液、固）和液氧混合时就呈现爆炸危险性，这种混合物常常由于静电、机械撞击、电火花和其他类似的作用，特别是当混合物被凝固时发生爆炸。如燃料、油类、油脂、焦油、沥青、纸张、纺织品、油漆及许多其他材料，遇到液氧，只要稍一触动，即会引起燃烧。通常被认为不燃的许多物质在液氧中不仅能燃烧，而且能发生爆炸性的燃烧。

液氧也是非常强的氧化剂，有机物在液氧中剧烈燃烧。液氧容易渗入木材、混凝土、沥青及其他多孔材料中，这些物质很易被火星触发燃烧。当其未燃时，这种浸过氧的物质仍然应被看作有潜在的危险性。液氧是现代火箭最好的助燃剂，在超音速飞机中也需要液氧作氧化剂，可燃物质浸渍液氧后具有强烈的爆炸性，可制作液氧炸药。

存放液氧的库房应通风、低温、干燥，液氧与还原剂、可燃物应分开存放。

3. 毒性气体

毒性气体指其毒性或腐蚀性可危害人体健康，对人有强烈的毒害、窒息、灼伤、刺激作用，有些还具有易燃性和氧化性。

（1）氯气。氯气是黄绿色、有毒、液化气体，有强烈刺激性气味，毒性猛烈，具有腐蚀性和极强的氧化性。在日光或灯光下与其他易燃气体混合时，即发生燃烧和爆炸。金属钾（钠）在氯气中能燃烧，氯气与氢气混合后在阳光下即可发生猛烈爆炸；松节油在氯气中能自燃；氯与氮化合时，则形成易爆炸的氯化氮。空气中的含量达到 0.1% 时吸入人体即能发生严重中毒。

液氯通常充装于耐压钢瓶内，储存期以 6 个月为宜。充装量为不大于 1.25kg/L。钢瓶漆草绿色，以白颜色标明“氯”字样。钢瓶外应有明显的“有毒压缩气体”标志。

（2）氨。氨是一种无色气体，有强烈的刺激气味。极易溶于水，常温常压下 1 体积水可溶解 700 倍体积氨，水溶液又称氨水。降温加压可变成液体，液氨是一种制冷剂。氨也是制造硝酸、化肥、炸药的重要原料。氨有很广泛的用途，同时它还具有腐蚀性等危险性质。由于氨有广泛的用途，氨是世界上产量最多的无机化合物之一，多于八成的氨被用于制作化肥。

氨气有毒、有腐蚀性、易燃、遇热易爆炸；蒸气与空气混合物爆炸极限为 16% ～ 25%（最易引燃浓度 17%），不能与卤素及酸类物质共存。在氨的生产制造、运输、储存、使用中，如遇管道、阀门、储罐等损坏，泄漏氨可造成中毒。氨对皮肤黏膜有刺激及腐蚀作用，高浓度可引起严重后果，如化学性咽喉炎、化学性肺炎等，吸入极高浓度的氨可引起反射性呼吸停止、心脏停搏。

三、易燃液体

（一）易燃液体的定义

易燃液体是指在闭杯闪点试验中温度不超过 60℃，或者在开杯试验中温度不超过 65.6℃，放出易燃蒸气的液体、液体混合物、固体的溶液或悬浊液（如清漆、瓷漆等，但不包括其主要危险性属于其他类的物质），如图 2-2 所示。

图 2-2 油漆

（二）易燃液体的特性

1. 高度易燃性

易燃液体几乎全部是有机化合物，分子组成中含有碳、氢原子，容易和氧气发生反应。由于易燃液体闪点低，燃点也低，因此接触火源极易着火并持续燃烧。

2. 易爆性

易燃液体挥发性大，当盛放液体的容器有破损或密封不严时，挥发出来的蒸气扩散到存放或运载该物品的库房或车厢中，与空气混合，浓度达到一定程度（爆炸极限）时，遇明火或火花即能引起爆炸。

3. 高度流动扩散性

如汽油，还能因浸润等作用扩大其表面积，使其蒸发速度加快，提高在空气中的蒸发浓度，遇明火等引起燃烧或爆炸，所以在遇到盛有易燃液体的容器洒漏时应尽快采取措施，以避免其流动后造成处理困难。

4. 受热膨胀性

易燃液体受热后体积容易膨胀，从而使密封容器中内部压力增大，造成“鼓桶”，甚至爆裂，在容器爆裂时会产生火花而引起燃烧爆炸。铁桶装的易燃液体在夏季受热后出现的“鼓桶”现象，主要是因为蒸气压增大。因此，易燃液体应避热存放，灌装时容器内应留有5%以上的空隙，不可灌满。

5. 忌氧化剂和酸

易燃液体与氧化剂或有氧化性的酸类（特别是硝酸）接触，能发生剧烈反应而引起燃烧爆炸。这是因为易燃液体都是有机化合物，能与氧化剂发生氧化反应并产生大量的热，使温度升高到燃点引起燃烧爆炸。因此，易燃液体不得与氧化剂及有氧化性的酸类接触。

6. 毒性

大多数易燃液体及其蒸气均有不同程度的毒性，例如：乙醇（酒精），一般来说，酒精无毒，但乙醇在人体内能对中枢神经系统起抑制作用，经常饮用，会引起肝脏严重损坏。

（三）易燃液体的衡量标准

对运输来说，易燃液体的主要危害有：液体燃烧引起火灾、爆炸（包括易燃液体的蒸气爆炸或盛装易燃液体的容器炸裂）、毒害以及环境污染。

衡量其危险程度的参数有闪点、沸点、燃点、爆炸极限、蒸气压力等，其中最主要的是闪点和沸点。

1. 闪点

闪点是指当试验容器内液体产生的易燃蒸气在空气中达到足够浓度而短暂接触点火源时点燃的最低温度。液体在闪点温度下不能连续燃烧。若是液体持续燃烧，那么温度必然会升高至一定量值，这一温度被称为燃点或者着火点，一般比闪点高1～5℃。

当易燃液体温度高于其闪点时，随时都有接触火源而被点燃的危险，为了避免事故的发生，应将温度控制在易燃液体闪点以下，因此我们将闪点作为衡量易燃液体易燃性的重要指标。闪点是液体可以引起火灾危险的最低温度。液体的闪点越低，它的火灾危险性越大。

测定液体闪点时，我们利用闭杯式容器和开杯式容器。闭杯闪点是将易燃液体放在一个特定的密闭容器中加热所测定的闪点，开杯闪点是将易燃液体放在敞开的容器中加热所测定的闪点。后者测定的结果比前者高几度，前者得到的闪点数值较为精确些。开杯式容器一般用于测定闪点较高的液体，闭杯式容器一般用于测定闪点较低的液体。世界各国的各种危险品运输规则在评测闪点时除非特别说明，一般都是指闭杯闪点。

2. 初始沸点

初始沸点是指液体开始沸腾时的温度。初始沸点低的液体很容易气化，因此其液面附近的蒸气压和蒸气浓度已达到爆炸极限的范围，与空气易形成爆炸混合物。初始沸点低的易燃液体其闪点也低，反之亦然。国际上以初始沸点和闪点作为划分易燃液体危险包装类别的界限。

（四）常见的易燃液体

1. 乙醇

纯净乙醇是一种无色透明、易挥发的易燃液体，闪点低（13℃），沸点为79℃。乙醇无限溶于水，并能溶于乙醚等。随着乙醇中水的含量不同，其参数也有变化，30%的酒精水溶液，闪点为35.5℃，白酒的酒精含量为50%～60%，闪点为22.5～25.5℃。工业用酒精往往在酒精中加入毒性或带有异味的物质，如甲醇、吡啶甚至航空汽油等变性剂，这样，就出现了许多不同用途的乙醇，如酒精、火酒、无水酒精、医用酒精、食用酒精、变性乙醇、工业酒精等，因此，在办理承运手续时，各种票的危险货物运输专用名称，一定要按DGR（即《危险物品手册》）列名的运输专用名称正确填写。

2. 乙醚

乙醚别名二乙醚、醚、麻醉醚，为无色透明液体，挥发性极大，极易燃烧。有芳香气味，且具麻醉性，其蒸气能使人失去知觉，甚至死亡。为低沸点（34℃）、低闪点（−45℃）的易燃液体，其蒸气与空气的混合物遇火即会爆炸。在强烈阳光下暴晒能使容器急速膨胀而爆裂，比汽油更危险；与过氯酸或氯作用发生爆炸。在运输中，盛装乙醚的容器应避免与火源、热源接近，并应保持较低的环境温度。其挥发放出的蒸气比空气重2.5倍，所以常会贴于地面或聚集于低洼处不易扩散。

乙醚易与空气中的氧反应生成不稳定的过氧化物，这种反应可能被光线所催化。生成的过氧化物在受热、撞击时易于爆炸。又因乙醚极易挥发，故生成的有机过氧化物能浓集起来，从而增加了爆炸的潜在危险。为了安全起见，乙醚通常储存于金属罐或深色玻璃瓶中，并且尽可能地储存于通风、阴凉、不被日光照射的场所。

3. 二硫化碳

纯净的二硫化碳为无色液体，但不纯的则为具有恶臭、淡黄色的液体。比水重，不溶于水，能溶于乙醇、乙醚等有机溶剂，同时，它本身也是能溶解硫、磷、橡胶和某些纺织品的一种独特溶剂。二硫化碳闪点低（−30℃），又极易挥发，且二硫化碳对热量高度敏感，是最易燃烧的液体，暖气管、排气管、刚开亮的灯泡的热量都可引燃它，生成物二氧化硫和一氧化碳都有剧毒。

4. 苯

纯苯学名苯，为无色透明易挥发的液体，极易燃烧，沸点低（80.1℃），闪点低（−11℃）；燃烧时产生光亮带烟的火焰；易挥发，有芳香气味；有麻醉性及毒性，不溶于水，溶于乙醇、乙醚等许多有机溶剂；长期吸入会引起苯中毒。

5. 松节油

松节油的沸点低，闪点为30～35℃，比水轻；自燃点253℃，遇氧化剂时可发生着火或爆炸；有毒，蒸气能刺激眼膜、气管。

松节油是无色至深棕色液体，具有松香气味；松节油以作溶剂而驰名，大量用于油漆工业作为稀释剂，还能溶解橡胶及其他树脂，并用于制造赛璐珞及其他各种塑料；被称为精馏松节油的纯化的松节油，是用于扭伤、碰伤等外部处理的擦拭剂的成分。

6. 汽油

汽油是轻质石油产品中的一大类；主要成分是碳原子数为 7 ～ 12 的烃类混合物，是一种无色至淡黄色的易流动的油状液体；闪点低（−45℃），挥发性极强，不溶于水，比水轻；作溶剂用的汽油，没有添加其他物质，故毒性较小；作燃烧用的汽油因加入四乙基铅等作抗爆剂，而大大增加了毒性。

M2-1 易燃液体

易燃液体请扫描 M2-1 查看。

四、易燃固体、易自燃物质和遇水释放易燃气体的物质

（一）易燃固体

1. 定义

易燃固体是指燃点低，遇火、受热、撞击、摩擦或与氧化剂接触后，极易引起急剧燃烧或爆炸的固态物质；有的某些易燃固体发生燃烧时还放出有毒气体。多为化工产品，如赤磷、镁粉等；易燃固体分为一、二两级。

一级易燃固体燃点低，极易燃烧和爆炸，燃烧速度快，燃烧产物毒性大；二级易燃固体燃烧性能较前者差些，燃烧时可能放出有毒气体。运输、装卸过程中，应注意防火、防热、防撞击、防摩擦等，装卸机具应有防止产生火花的装置，配装和储存时，应远离热源、电源。

一级易燃固体包括非晶形磷（红磷）、三硫化二磷、亚硫酸二氢铅、氢化钛等；二级易燃固体包括熔融硫黄、硝基萘、樟脑（合成的）等。

2. 易燃固体的特性

（1）易燃性。易燃固体容易被氧化，受热易分解或升华，遇火种、热源常会引起剧烈、连续地燃烧。

（2）分散性与氧化性。固体具有可分散性，物质的颗粒越细，其比表面积越大，分散就越强。当固体粒度小于 0.01mm 时，可悬浮于空气中，能与空气中的氧气发生氧化作用。固体的可分散性是受许多因素影响，但主要受物质比表面积的影响，比表面积越大，和空气的接触机会就越多，氧化作用也就越容易，燃烧也就越快，则具有爆炸危险性。另外，易燃固体与氧化剂接触能发生剧烈反应而引起燃烧或爆炸。如：赤磷与氯酸钾接触，硫黄粉与氯酸钾或过氧化钠接触就会立即发生燃烧爆炸。

（3）热分解性。某些易燃固体受热后不熔融，而发生分解现象，有的受热后边熔融边分解。热分解的温度高低直接影响危险性大小，受热分解温度越低的物质，其火灾爆炸危险性就越大。

（4）敏感性。易燃固体对摩擦、撞击、振动等很敏感，如赤磷、闪光粉等受摩擦、震动、撞击能引起燃烧甚至爆炸。

（5）毒害性。许多易燃固体有毒，燃烧物有毒或有腐蚀性，如二硝基苯酚、硫黄、五硫化二磷。

3. 常见的易燃固体

（1）红磷。红磷（又名赤磷），为紫红色粉末，无毒、无臭；相对密度 2.2，熔点 590℃，416℃升华；不溶于水、二硫化碳和有机溶剂，略溶于无水酒精；燃点为 200℃，自燃点为 240℃。红磷属于易燃固体。

（2）硫黄。硫黄别名硫黄粒、硫黄粉，为易燃固体，是制作火药的主要辅助材料，如图 2-3 所示。在黑火药中既可以起黏合剂的作用，使黑火药的各种成分均匀地黏合在一起，又起到可燃剂的作用，且其燃点比木炭低，使黑火药易于点燃。

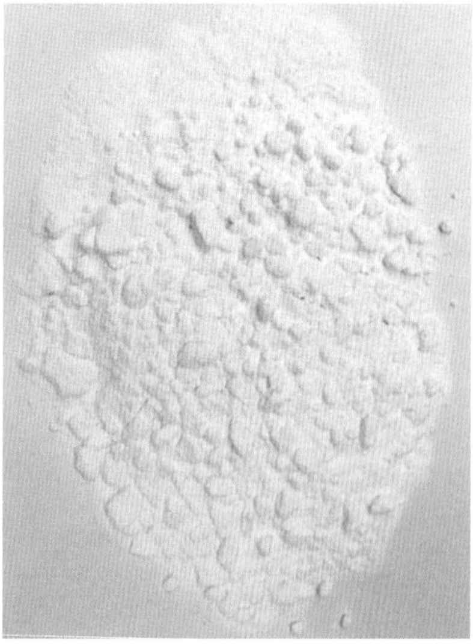

图 2-3　硫黄

在储运过程中会产生静电，导致起火，硫黄粉尘与空气或氧化剂混合后就会形成爆炸性混合物，易产生爆炸或燃烧。

（3）镁。镁具有银白色光泽，略有延展性。在空气中，镁的表面会生成一层很薄的氧化膜，使空气很难与它反应。粉末或带状的镁在空气中燃烧时会发出强烈的白光。镁是航空工业的重要材料，镁合金用于制造飞机机身、发动机零件等；镁粉是节日烟花必需的原料。

镁棒，又叫阳极棒、打火石，是户外生存常用的取火装备，以镁元素为主，通常有镁条、镁棒、镁块等，无论在什么条件下都能够生火，镁棒也可应用于电器防腐技术。

案例链接

首都机场货运安检在邮件中查获大量镁棒

近日，首都机场货运安检在邮件中查获大量镁棒，共计 340 个，再一次将安全隐患拦截在地面。

当日 16 时 48 分，首都机场安保公司货运安检员在对一票邮件进行检查时，图像中出现了疑似镁棒的物品，本着“不排除疑点不放过”的开机原则，开机员立即通知开包员会同邮局报检员对该邮件实施了联合开检。开包查验发现，邮件内有一个单独包装的纸箱，纸箱内装有大量镁棒。安检员随即将情况上报值班领导，并对相关代理人证件及违禁品实施扣留，最终上交首都机场货运区派出所处理。

镁棒属于易燃物品，只要从镁棒刮少量镁粉下来，再用金属片与镁棒快速摩擦，镁粉遇火星后极易点燃，是禁止带上飞机的。面对日益严峻的空防安全形势，作为国门安全的守护者，要努力捍卫空防安全，将安全隐患摒除在飞机之外。

来源：王蕾 . 首都机场货运安检在邮件中查获大量镁棒 [N]. 中国民航网，2021-03-10.

（二）易自燃物质

1. 定义

易自燃物质是指自燃点低，在空气中易于发生氧化反应，放出热量而自行燃烧的物质。发生自燃是与氧（空气中的）发生反应并且热量不能及时散发的缘故。当放热速度大于散热速度而达到自燃温度时，就会发生自燃。

2. 易自燃物质的特性

易自燃物质多具有容易氧化、分解的性质，且燃点较低。在未发生自燃前，一般都经历缓慢的氧化过程，同时产生一定热量，当产生的热量越来越多，积热使温度达到该物质的自燃点时便会自发地着火燃烧。

凡能促进氧化反应的一切因素均能促进自燃。空气、受热、受潮、氧化剂、强酸、金属粉末等能与自燃物质发生化学反应或对氧化反应有促进作用，它们都是促使自燃物质自燃的因素。

3. 常见的自燃物质

（1）白磷。白磷是磷的同素异形体，又名黄磷，因为白磷燃点低（30℃），在空气中 1 ～ 2 分钟就会自燃，所以一般采用低温或隔绝空气的方法储存和运输，如用水进行液封储存。白磷有剧毒，不能暴露在空气中储存和运输。

图 2-4 活性炭

发生火灾时应用雾状水灭火，但必须注意防止飞溅，也可用沙土或泥土覆盖，为了防止中毒，施救人员必须穿橡胶衣、裤、胶靴，并戴防毒口罩。

（2）活性炭。活性炭是一种经特殊处理的炭，微孔结构发达，比表面积和吸附活性大，活性炭表面的微孔直径大多在 2 ～ 50nm，即使是少量的活性炭，也有巨大的表面积，每克活性炭的表面积为 500 ～ 1500m^2，活性炭的一切应用，几乎都基于活性炭的这一特点。活性炭广泛应用于工业、农业、国防、航空、航天等各个领域。但是在大量储存、运输、使用的过程中若处理不当，活性炭会发生自燃，造成火灾、爆炸等危险，如图 2-4 所示。

（三）遇水释放易燃气体的物质

1. 定义

遇水释放易燃气体的物质是指遇水或受潮时，发生剧烈化学反应，放出大量易燃气体和热量的物质。有的不需明火，即能燃烧或爆炸。

2. 遇水释放易燃气体的物质的特性

遇水释放易燃气体的物质遇水或潮湿空气中的水分能发生剧烈化学反应，放出易燃气体和热量。即使当时不发生燃烧爆炸，但放出的易燃气体聚集在容器或室内与空气亦会形成爆炸性混合物而导致发生危险。

遇水释放易燃气体的物质与酸反应比与水反应更加剧烈，极易引起燃烧爆炸。

有些遇水释放易燃气体的物质本身易燃或放置在易燃的液体中（如金属钾、钠等均浸没在煤油中保存以隔绝空气），它们遇火种、热源也有很大的危险。

此外，一些遇水释放易燃气体的物质还具有腐蚀性或毒性，如硼氢类化合物有剧毒，应当引起注意。

3. 常见的遇水释放易燃气体的物质

（1）钾、钠等碱金属。运输时将碱金属浸没在无水煤油中或被石蜡包裹，其包装如损漏，非常危险。

（2）电石。电石成分为碳化钙，遇水产生乙炔和氢氧化钙，并产生大量热，如果使用水来扑火，会产生可燃气体导致爆炸，于是使用干粉灭火器、水泥、沙土控制明火火势。

五、氧化性物质和有机过氧化物

（一）氧化性物质

1. 定义

氧化性物质是自身不一定可燃，但可以放出氧而有助于其他物质燃烧的物质。在化学工业中，广泛用于多种原料和成品生产。在冶金中常用氧化剂去除杂质以提纯所熔炼的金属，如炼钢过程中所用的氧化剂有铁矿石、铁磷、空气或工业纯氧等。在化学电池中，常用氧化剂去除正极上所放出的氧，称为“去除剂”，如干电池中所用的二氧化锰。

2. 氧化剂的特性

氧化剂遇热分解，易引起燃烧爆炸，所以不得受热。

许多氧化剂易爆炸，如氯酸盐类、硝酸盐类，经摩擦、撞击、震动等作用后，易引起爆炸，所以要轻装轻卸。

氧化剂遇有机物、易燃物品、可燃物等会发生强烈反应，甚至会引起燃烧爆炸。所以，氧化剂的包装材料、仓库和运输车辆等，必须彻底清扫干净，以防混入杂质，发生危险。

大多数氧化剂与酸剧烈反应，甚至发生爆炸，如氯酸钾、过氧化苯甲酰等，遇硫酸即发生爆炸。所以这些氧化剂不得与酸类或碱性物质接触；万一起火，就不可用酸碱灭火器扑救。

有些氧化剂遇水分解，特别是活泼金属的过氧化物，如过氧化钠等，遇水分解发热，并放出氧，易使可燃物燃烧，所以这类氧化剂不得受潮；灭火时禁止用水。

有些氧化剂与其他氧化剂接触后能发生复分解反应而产生高温，引起燃烧甚至爆炸。例如，亚硝酸盐、次亚氯酸盐等遇到比它强的氧化剂时，即显出还原性，会发生剧烈反应而导致危险。所以各种氧化剂也不可随意放置。

有些氧化剂，如溴酸银等遇日光照射即分解，所以应该避光。有许多氧化剂有腐蚀性和毒性，如三氧化铬，需注意人体防护。

3. 常见的氧化性物质

（1）硝酸钾。硝酸钾又称钾硝石、火硝，无色透明晶体或粉末。相对密度 2.109，易溶，遇热分解放出氧。当硝酸钾与易燃物质混合后受热甚至轻微的摩擦冲击都会迅速地燃烧或爆炸。黑火药的主要成分就是硝酸钾、碳粉、硫粉等。

（2）氯酸钾（$KClO_3$）。白色晶体或粉末，味咸、有毒，相对密度 2.32；在 400℃时能分解放出氧；因包装破损，氯酸钾洒漏在地面后被践踏发生火灾的事故时有发生；氯酸钾与硫、碳、磷或有机物（如糖、面粉）等混合后，经摩擦、撞击即爆炸；热敏度和撞击感度都比黑火药灵敏得多。

（3）高锰酸钾。高锰酸钾别名过锰酸钾、灰锰氧，黑紫色，有金属光泽的粒状或针状结晶，味甜而涩，溶于水，呈紫色溶液，如图 2-5 所示。

高锰酸钾是强氧化剂，与易燃物质一并加热或撞击、摩擦即发火爆炸。与有机物、易燃物、酸类，特别是硫酸、双氧水、甘油接触，容易发生着火和爆炸。

（4）过氧化氢（H_2O_2，即双氧水）。过氧化氢均含有—O—O—过氧基，易放出氧原子，未结合生成氧气的氧原子具有极强的氧化性。过氧化氢俗称双氧水，纯净的 H_2O_2 为无色浆状液体，如图 2-6 所示。20℃时相对密度为 1.438，熔点 −89℃，沸点 151.4℃。与水任意混溶。3% 的双氧水溶液在医药上用于消毒。市售及运输的浓度在 20% ～ 60%，高浓度的 H_2O_2 溶液中需加入稳定剂。运输过程中应避免受热、震动，包装容器必须耐压。

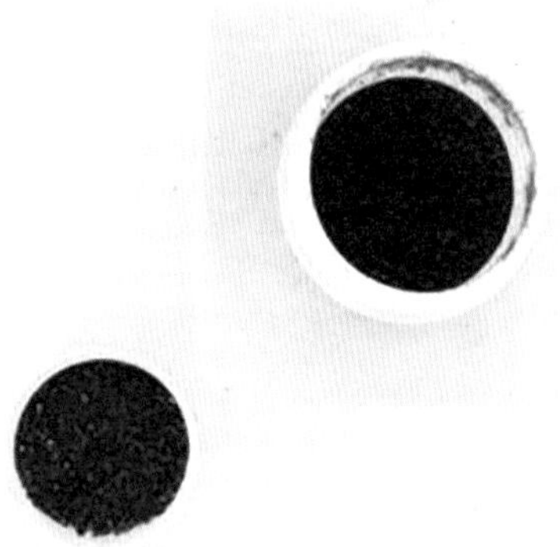

图 2-5　高锰酸钾

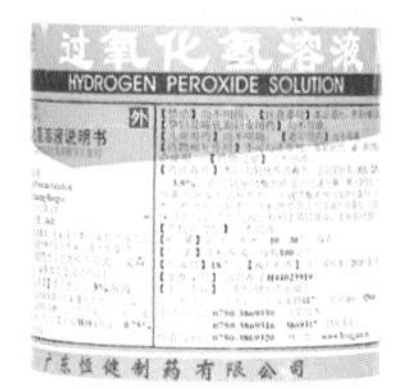

图 2-6　双氧水

（5）过氧化钠（Na_2O_2）。过氧化钠和过氧化氢均含有—O　O—过氧基，易放出氧原子，未结合生成氧气的氧原子具有极强的氧化性。过氧化钠与水、酸、空气中的二氧化碳等能发生反应，均有氧生成。所以 Na_2O_2 的包装必须非常严密。

（二）有机过氧化物

1. 定义

有机过氧化物是指过氧化氢中的氢原子被烷基、酰基、芳香基等有机基团置换而形成含有—O—O—过氧官能团的有机化合物。特征是受热超过一定温度后会分解产生含氧自由基，不稳定、易分解。化工生产的有机过氧化物主要是用来作合成树脂的聚合引发剂、催化剂。在高分子材料领域，它可用作自由基聚合的引发剂、橡胶和塑料的交联剂、不饱和聚酯的固化剂；对皮肤、眼睛黏膜有强烈的刺激性，是大气中的重要污染物。有机过氧化物属于易燃易爆危险品，使用中应注意安全性。

绝大多数的有机过氧化物为无色到淡黄色的液体，或者为白色粉末状态到结晶状态的固体；一般具有弱酸性，多数不溶于水，易溶于邻苯二甲酸和二甲酯等有机溶剂，是一类不稳定的易燃易爆化合物。

2. 有机过氧化物的特性

（1）具有强烈的氧化作用。

（2）具有自然分解性质，在 40℃以上，大部分过氧化物活性氧降低。

（3）酸、碱性物质可促进其分解。强酸及碱金属、碱土金属的氢氧化物（固体或高浓度水溶液）可引起激烈分解。

（4）铁、钴、锰类有机过氧化物和氧化还原系统化合物显著地促进其分解。

（5）强还原性的胺类化合物和其他还原剂显著地促进其分解。

（6）铁、铅及铜合金等可促进其分解。

（7）橡胶可促进其分解。

（8）摩擦、震动或冲击储存容器造成局部温度升高，可促进其分解。

3. 常见的有机过氧化物

（1）过氧乙酸。本品易燃，具有爆炸性，加热至 100℃ 即猛烈分解，遇火或受热、受震都可起爆；与还原剂、促进剂、有机物、可燃物等接触会发生剧烈反应，有燃烧爆炸的危险。库房应通风、低温、干燥；轻装轻卸；与有机物、还原剂、硫、磷易燃物分开存放；有强腐蚀性，具有强烈的刺激性，可以杀灭一切微生物，对病毒、细菌、真菌及芽孢均能迅速杀灭，可广泛应用于各种器具及环境消毒。0.2% 的过氧乙酸溶液接触 10 分钟基本可达到灭菌目的，用于空气、环境消毒及预防消毒。

（2）过氧化二苯甲酰。白色结晶或粉末；有难闻的气味，微溶于水，干燥时易燃烧，在受到撞击、受热或摩擦时会爆炸；与硫酸能发生剧烈反应引起燃烧放出大量有毒气体。运输中的过氧化二苯甲酰一般是糊状物（保持 30% 以上的水分）。

（3）过氧化乙基甲基酮。无色液体，对热、震动极为敏感；一般用苯二甲酸二乙酯溶液稀释，溶剂量不低于 45% 方可运输。

六、毒性物质和感染性物质

（一）毒性物质

1. 定义

毒性物质是指在吞食、吸入或与皮肤接触后，可能造成死亡、严重受伤或损害人的健康的物质。

LD_{50} 称为致死中量，又称“半数致死量”，其含义是：能使一群实验动物（如小白鼠、家兔等）死亡 50% 时每千克体重的毒物用量（mg/kg）。

LC_{50} 称为半死致死浓度，其含义是：能使一群实验动物（成年雌雄白鼠）连续吸入有毒的粉尘、气雾或蒸气 1 小时后，在 14 天内死亡一半的吸入物质在空气中的浓度。

表 2-1 中列出 6.1 项包装等级标准。

表 2-1　口服、皮肤接触及吸入尘 / 雾的毒性（6.1 项包装等级标准）

包装等级	口服毒性 LD_{50}/(mg/kg)	皮肤接触毒性 LD_{50}/(mg/kg)	吸入尘 / 雾毒性 LC_{50}/(mg/L)
Ⅰ	≤ 5.0	≤ 50	≤ 0.2
Ⅱ	＞ 5.0，但≤ 50	＞ 50，但≤ 200	＞ 0.2，但≤ 2
Ⅲ	＞ 50，但≤ 300	＞ 200，但≤ 1000	＞ 2，但≤ 4.0

2. 毒性物质的特性

决定毒性物质，即毒害品毒性大小的根本因素是毒害品本身的化学组成和结构。但是毒害品的物理形态及特性也对毒性有着很大的影响，大致体现在以下几个方面。

（1）毒害品在水中的溶解度越大，其毒性也越大。例如，同样是钡盐，硫酸钡不溶于水，人吞服后基本无毒；而氯化钡能溶于水，毒性就较大。再如，三氧化二砷的溶解度比三硫化二砷的溶解度要大许多，故前者的毒性也较后者大得多。

（2）毒害品的颗粒越小，越易引起中毒。这是由于颗粒越小，越易进入呼吸道而被吸收。对同种农药而言，一般情况下乳剂的毒性大于粉剂，粉剂的毒性大于颗粒剂。

（3）毒害品越易溶于脂肪，则越易渗过皮肤引起中毒。如苯胺、硝基苯一类脂溶性毒物很容易通过皮肤引起中毒。

（4）毒害品的沸点越低，越易引起中毒。因为沸点越低，就越易挥发成蒸气，增加毒害品在空气中的浓度，而引起中毒。同理，气温越高，毒害品的挥发性越大，同时还会增加毒害品的溶解度，加快人体呼吸的频率，从而增加毒物进入人体的可能性。

3. 常见的毒性物质

（1）氢氰酸及其盐。氢氰酸是氰化氢的水溶液，商业名称为普鲁士酸。氰化氢在室温下为无色气体，剧毒，有苦杏仁味，极易扩散。氰化氢可以任意比例与水混溶，成为氢氰酸。氢氰酸为无色液体，是一种极弱的酸。氢氰酸的盐即为氰化物，有机氰基化合物被称为腈，如乙腈等。含有氰基的化合物，如氰化氢、氰化物及腈类等大都具有不同程度的毒性，特别是氰化氢、氢氰酸和氰化物的毒性更为显著，是剧毒品。

氰化物遇酸或酸性腐蚀性物品常会放出剧毒的氰化氢气体。因此，应注意防止氰化物与酸或酸性腐蚀物品接触。

（2）砷及其化合物。砷的俗名为砒，为元素砷的单质。不溶于水，但溶于硝酸；属于无机剧毒品；自然界中有 3 种同素异形体广泛存在，分别称灰砷、黄砷和黑砷；砷是有金属光泽的结晶块，质脆有毒，不溶于水；误服或吸入粉尘会中毒。

砷有两种氧化物，分别是三氧化二砷（As_2O_3）及五氧化二砷（As_2O_5），其对应的酸与对应的盐多数皆为剧毒品。其他各类砷化物也大多具有毒性。三氧化二砷俗称砒霜或白砒，白色粉末，是两性氧化物，溶于水，剧毒；误服即发生咽干、口渴、流涎，持续呕吐并混有血丝，腹泻，粪便中混有血与黏液，并伴有剧烈头痛、四肢痉挛，抢救不及时则致心力衰竭或尿闭而死。一般认为成人的三氧化二砷的致死量为 70 ～ 180mg。

一般地说，砷的可溶性化合物都具有毒性。砷及其化合物可用作药物和杀虫剂等。

（二）感染性物质

此类危险品包括：感染性物质（对人类或对动物）、生物制品、转基因微生物和生物、诊断标本或临床标本、感染性的活体动物、例外的感染性物质等。

1. 感染性物质

感染性物质是指那些已知含有或有理由认为含有病原体并引起人类和动物感染性疾病的物质。病原体是指会使人类或动物感染疾病的微生物（包括细菌、病毒、寄生虫、真菌）或其他媒介物。

（1）A 类感染性物质。指在运输中与之接触能对本来健康的人或动物造成永久性残疾，危及生命或致命疾病的感染性物质。

（2）B 类感染性物质。指不符合 A 类标准的感染性物质。

2. 生物制品

生物制品指的是来源于活生物体的制品。它根据国家政府部门的要求生产和销售，被用于对人类或动物疾病的预防治疗和诊断，或用于与此内容相关的开发、实验或相关研究目的，如疫苗。

一般情况下，按照国家政府卫生部门的要求制造和包装、供个人保健或诊断而使用的生物制品，不属于违禁物品的范畴，如品名末尾是“菌苗”“疫苗”“抗菌素”“类毒素”“血清（不含病料）”“血浆”的物品。

3. 转基因微生物和生物

受污染的动物或携带变异基因的动物及基因变异的生物体，已知或被认为对人类、动物或环境具有危险性则必须按照感染性物质进行运输。

4. 诊断标本或临床标本

含有感染性物质的医学或临床垃圾、有理由相信可能含有感染性物质的医学或临床垃圾必须划入感染性物质。

5. 感染性的活体动物

有意使之感染的和已知或怀疑含有感染性物质的活体动物禁止空运，除非无法以其他形式运输。受感染的活体动物只可以依照有关国家当局批准的限制条件进行运输。

6. 例外的感染性物质

病原体存在的可能性极低的病原标本不受《危险品航空安全运输技术细则》其他规定的限制，前提如下。

（1）该标本必须放入防泄漏的包装内运输，且酌情标有“Exempt human specimen（免管人体标本）”或“Exempt animal specimen（免管动物标本）”的字样。

（2）如果运输冷藏或冷冻剂标本，必须满足如下条件：

① 如果使用冰或液态氮使标本保持低温，则必须满足《危险品航空安全运输技术细则》中的所有使用要求。如果使用冰或干冰，必须将其置于辅助包装的外面或者外包装的里面。必须提供内部支撑，以便保证在冰或干冰消融后辅助包装仍位于原来的位置。如果使用冰，外包装必须防漏；如果使用固体二氧化碳（干冰），包装件的设计和构造必须做到能排出二氧化碳气体，以防内部压力升高使包装破裂。

② 在使用制冷剂的温度下，以及在失去制冷作用的情况下可能产生的温度和压力下，主容器和辅助包装必须保持其完好性。

七、放射性物质

（一）放射性物质的定义

放射性物质是指任何活度浓度及总活度值超过国际航空运输协会出版发行的《危险品规则》第 10 章所列值的含放射性同位素的物质。

放射性物质是指能自发地和连续不断地放出电离辐射的物质或物品，它们能对人类和动物健康产生危害，并可使照相底片或 X 光片感光。这种辐射不能被人体的任何感官（视觉、听觉、触觉或味觉）所觉察，但可用合适的仪器探测和测量。

不管放射性物质本身的辐射水平多么高，经过屏蔽包装，在放射性物质的包装表面，其辐射水平可以控制在一定的水平。按包装件或集装箱的运输指数，可以将放射性物品分为三个等级，运输指数大于 10 的包装件，一般禁止运输。

（二）放射性物质的危险性

放射性矿物、放射性源等放射性物质对人体的影响可分为体外照射和体内照射两大类。

1. 体外照射

放射性矿物、放射性源等放射性物质与人体的体表外部接触或靠近，可因其放射的各种射线从外部照射危害人体，称体外照射。当辐射源除去以后，照射作用即告消除。

2. 体内照射

放射性物质通过不同途径进入人体内部，沉积于某些器官或组织中，放射出各种射线，称体内照射。进入人体内的放射性物质只有当它从体内完全排出以后，或在体内衰变完毕，它的作用才会停止，放射性物质进入体内的途径如下。

（1）消化道食入。放射性物质或含放射性物质的粉尘降落到工地水源、食品和人体表面造成环境和表面污染，然后通过进食、饮水等途径到达消化道，其中一部分不被胃肠黏膜吸收，随粪便排出，另一部分则主要通过小肠而被吸收到体液中去，然后转送到器官或组织中沉积起来发生辐射反应。

（2）呼吸道吸入。放射性物质可以气体、液体或固态粉尘等状态通过呼吸道进入人体内部，成为体内照射源。吸入的放射性物质一部分将沉积在气管和支气管中，另一部分则随呼气而排出。沉积于上呼吸道部分的可通过纤毛运动被逐出，经过吞咽动作又进入胃肠道；沉积于肺部深处的则可能被吸收。一般而言，气态物质较固体物质易吸入到肺部深处而被吸收，固体物质如粉尘，颗粒愈小，则越易被吸入和吸收。无论是直接由肺部吸收，还是经过吞咽进入胃肠道而被胃肠黏膜吸收的放射性物质，均需经过休液而到达器官或组织沉积下来，产生辐射效应。

（3）皮肤吸收。完好的皮肤对大部分放射性物质形成了有效的屏障，能阻止其进入人体内。但某些液态和气态放射性物质仍可透过未损伤的皮肤而吸收到体液中。当皮肤受到损伤时（如裂开、擦伤、刺伤等），放射性物质则易通过伤口经过皮下组织，被吸收到体液中，然后转送到器官或组织中沉积发生辐射反应。

表 2-2 中列举了几种常见放射性射线的基本性质。

表 2-2　常见放射性射线的基本性质

射线种类	粒子种类	所带电荷	电离作用	穿透能力	主要危险性
α 射线	两个质子 两个中子	两个单位正电荷	电离作用强，进入人体大量损耗能量，穿不透人体而留在体内	很弱，衣服、纸张等即可挡住	体内照射最强
β 射线	电子	一个单位负电荷	电离作用小	较强，但易被有机玻璃、塑料、薄铝片等材料屏蔽	体内照射小，可造成体外照射
γ 射线	光子	不带电	电离作用最弱，不会滞留在体内	最强，完全阻挡或吸收很困难	主要是体外照射
中子流	中子	不带电	不能直接由电离作用而消耗能量，但撞击人体内的碳、氢原子核而发生核反应生成了 γ 射线，对人体的危害极大	很强	体内照射和体外照射严重

（三）放射性物质的防护

1. 体外照射的防护

主要的防护方法有时间防护、距离防护和屏蔽防护。

（1）时间防护。人体所受到体外照射的总量越大，危险性也越大，而人体所受到体外照射的总剂量与剂量率和时间成正比。因此，必须尽量减少照射的时间，对作业时间要进行严格限制。在高剂量率情况下，限定时间内不能完成作业时，必须换人操作，确保每人每天的作业时间在限制时间之内。

（2）距离防护。空气对射线有一定的吸收作用，人体与放射源距离越大，所受到体外照射的剂量就越小。即辐射源产生的剂量率与接收到的剂量率并不是等值的，接受体接收到的剂量率和辐射源剂量率的关系，与两者之间距离的平方成反比。因此，增大与辐射源的距离，能大大减少操作者所受到体外照射的剂量率。所以，在没有屏蔽防护情况下必须遵守安全距离（指在这个距离以外人员与放射性货包相处或作业，可以不受时间的限制）规定，如表 2-3 所示。

表 2-3　人员与放射性货包之间的安全距离表

货包运输指数	0.3	0.4	0.5	0.7	1	2	5	10	20	50
安全距离 /m	1	1.2	1.3	1.5	1.7	2.6	4	5.6	8	13

（3）屏蔽防护。将辐射源或人员进行屏蔽。将放射源放入铅罐中。要求按规定对放射性货物进行包装，并使之牢固无损。物质本身的放射性活度越大，对包装内屏蔽层的要求越高。不管货物本身的剂量率是多大，包装外表面的辐射水平最大处不得超过 2mSv/h。货包的运输指数不得超过 10。处在辐射场中的工作人员必须穿戴必要的防护用品，如铅手套、铅围裙和防护目镜等。

2. 体内照射的防护

放射性物质进入人体内才产生体内照射，要防止体内照射的发生，主要措施如下。

（1）防止放射性物质由消化系统进入体内。作业时严禁饮食、饮水及吸烟，必须穿工作服、戴手套和口罩。作业完毕后应立即脱下穿戴清洗并换上清洁衣服。对手以及任何能污染的部位进行检查，必须在容许程度以下时才可进食或与他人接触。

（2）防止放射性物质由呼吸系统进入体内。作业时，环境要保持良好的通风，杜绝放射性物质粉末由于过分干燥而漂浮于空气中。

（3）防止放射性物质由皮肤进入体内。作业时要注意防止损伤皮肤，严禁皮肤有伤口、孕妇或哺乳妇女等人员参加作业。

八、腐蚀性物质

案例引导

伊宁机场安检站查获大量腐蚀性液体

近日，伊宁机场安检人员在执行候机楼爆炸物痕量检测任务时，发现一名旅客携带的纸质箱子内有三十多瓶不明性质的液体，开包员经进一步检查发现这三十多瓶液体均有危险品腐蚀性标签，经询问为医用腐蚀性液体，工作人员解释后，该旅客进行了退票，改乘其他交通工具。

来源：赵豫 . 伊宁机场安检站查获大量腐蚀性液体 [N]. 民航资源网，2016-01-21.

作为机场工作人员，该从哪些方面了解腐蚀品呢？

（一）腐蚀性物质的定义

腐蚀性物质是通过化学作用在接触生物组织时会造成严重损伤，或在泄漏时会严重损害甚至损毁其他货物或运输工具的固体或液体。

（二）腐蚀性物质的特性

腐蚀性物质是化学性质非常活泼的物质，能与很多金属、非金属及动植物机体等发生反应。该类物品不仅具有腐蚀性，很多具体物质同时还具有毒性、易燃性或氧化性等性质中的一种或数种。

1. 腐蚀性

腐蚀性物质中的酸、碱甚至盐都能不同程度地腐蚀金属。它们会腐蚀金属的容器、车厢、货舱、机舱及设备等，即使这些金属物品不直接与腐蚀品接触，也会因腐蚀性蒸气的作用而发生锈蚀。

有机物质如木材、布匹、纸张和皮革等也会被酸或碱腐蚀；硫酸如未加水稀释流入下水道，会使水泥制的下水道遭到毁坏；氢氟酸甚至能腐蚀玻璃。

腐蚀性物质本身的化学性质是决定其腐蚀性大小的内在因素；外界条件也在一定程度上影响着腐蚀性的强弱。

（1）腐蚀性物质浓度越高，腐蚀性越强。一般来说，腐蚀品的浓度越高，腐蚀性越强，当浓度降低到一定程度，腐蚀性物质甚至可以按普通货物条件办理运输。例如，双氧水有很强的腐蚀性，纯净的双氧水难以制取且无法储存，市售的双氧水及双氧水的水溶液浓度在 20% ～ 60%，对眼睛、皮肤和呼吸道黏膜、肺都有强烈的刺激性和腐蚀性，而 3% 的双氧水溶液则可用作伤口清洁消毒剂。

（2）温度升高，腐蚀性增大。温度对化学反应速度有很大的影响，大多数化学反应的速度都随温度的升高而加快。对腐蚀性物质来说，反应速度加快也就意味着腐蚀作用的增强。

（3）其他物质对腐蚀性的影响。很多化学反应常常因有少量的其他物质加入而使反应速度加快或减慢。此外，当几种腐蚀性物质混合在一起时，也会使腐蚀作用增大许多。例如，盐酸的腐蚀性不及硝酸，但是由 1 体积浓硝酸和 3 体积浓盐酸混合而成的混合酸（称为王水），具有比浓硝酸更为强烈的腐蚀作用，金、铂亦能溶于其中。

2. 毒性

腐蚀性物质中有很多还具有不同程度的毒性，如五溴化磷、偏磷酸、氢氟硼酸等；还有一些具有挥发性的物品如发烟硫酸、发烟硝酸、浓盐酸、氢氟酸等，能挥发出有毒的蒸气，在腐蚀机体的同时，还能引起中毒。

3. 易燃性

有机腐蚀性物质一般都具有可燃性，这是所有有机物的通性，是它们本身的化学构成所决定的。一些挥发性强的有机腐蚀品闪点比较低，温度达到一定值时接触明火会引起燃烧。有些强酸、强碱，在腐蚀金属的过程中放出氢气，当氢气在空气中占一定的比例时，遇高热、明火即引起燃烧甚至爆炸。

4. 氧化性

腐蚀性物质中的含氧酸大多数是强氧化剂（如硫酸、硝酸），因此与可燃物接触时，即可引起燃烧甚至爆炸。浓硫酸、浓硝酸可以氧化金属铜，同时放出有毒的二氧化硫或二氧化氮气体。此外，硝酸若暴露于空气中，在光照条件下就会分解产生氧气。另一方面，氧化性有时也可以被利用，浓硫酸和浓硝酸的强氧化性会使铁、铝在冷的浓酸中第一时间被氧化，其表面生成一层致密的氧化物薄膜，反而保护了金属，这种现象称为“钝化”。利用这一特点，我们可以用铁制容器盛放浓硫酸，用铝制硫酸容器盛放浓硝酸。

（三）常见的腐蚀性物质

1. 硝酸（HNO_3）

硝酸是透明、无色或淡黄色有独特的窒息性气味的腐蚀性液体。其危险性主要表现在强腐蚀性（强氧化性），生成毒性气体 NO 或 NO_2，并对人体产生化学灼伤。

硝酸能与多种物质如金属粉末、电石、硫化氢、松节油、醋酸、丙酮、乙醇、硝基苯猛烈反应，发生爆炸。与木屑、棉花或其他纤维素产品等接触引起燃烧。人体皮肤、黏膜和组织接触硝酸会引起化学灼伤，表现为皮肤变黄、眼睛和肺部发炎等。

2. 硫酸（H_2SO_4）

纯硫酸是无色、无臭、透明、黏稠的油状液体。由于纯度不同，颜色可分为无色、黄色及黄棕色，有时还是浑浊状，如图 2-7 所示。

图 2-7 硫酸

稀硫酸具有酸的一切通性，能腐蚀金属，中和碱，与金属氧化物和碳酸盐作用；浓硫酸具有吸水性、脱水性、氧化性等特性，表现为它遇水放出高热而引起飞溅或爆炸；接触人体皮肤、黏膜和组织出现化学灼伤；与许多物质（如木屑、稻草、纸张、电石、高氯酸盐、硝酸盐、苦味酸盐、金属粉末等）发生猛烈反应而引起燃烧或爆炸，同时有毒性物质产生。所以，浓 H_2SO_4 不宜与任何其他物质配载。

如发生硫酸泄漏事故，应在污染地面洒上碳酸钠，清扫后用水冲洗。皮肤接触硫酸后必须用大量水冲洗 15 分钟以上，并用碱性溶液（2% ～ 3% 的 $NaHCO_3$、5%Na_2CO_3、5% $Na_2S_2O_3$ 或 10% 的三乙醇胺）中和；眼睛被硫酸刺激后应缓慢用水冲洗；吸入蒸气应立即脱离污染区，并吸入 2% $NaHCO_3$ 气雾剂，并用相同溶液洗漱口腔，转送医院。

3. 乙酸（CH_3COOH）

乙酸是一种最普通的有机酸，俗名醋酸或冰醋酸。凝固点 16.6℃，闪点 40℃，沸点 118℃，爆炸极限 4% ～ 17%。它凝固时，体积会膨胀，装载过满的容器会因此而胀裂；夏季则又会因瓶内蒸气压升高而顶开瓶塞，所以包装时要留有余量。

醋酸是弱酸，但对铅和大多数金属有腐蚀性，它与铬酸、过氧化钠、硝酸或其他氧化剂接触有爆炸危险。它对人体皮肤、黏膜和组织有刺激作用，严重时会引起皮肤起红斑、化学灼伤和水疱，消化道溃疡、坏死、呼吸道受损等。醋酸的盐类如醋酸的钡、汞、铍、铊盐等均有毒性。

4. 氢氧化钠（NaOH）

氢氧化钠俗名较多，有烧碱、苛性钠、苛性碱、固碱、火碱等，是白色的块状或片状固体；吸湿性强，也吸收 CO_2，故储存和运输固体 NaOH 时，必须密封，防止与空气接触。

氢氧化钠及其水溶液能与酸类发生剧烈反应，能腐蚀某些铝、锌、铅类金属和某些非金属，但不能腐蚀大多数的常见金属。对皮肤、黏膜、角质、角膜等有极大的溶解、变质和腐蚀作用。

5. 甲醛（HCHO）

纯甲醛是有强烈刺激性气味的无色气体，爆炸极限为7%～73%，其35%～40%的水溶液俗称福尔马林；蒸气能刺激呼吸系统和眼睛，高浓度下长时间停留会产生催泪效应以及支气管炎、肺水肿、结膜炎等症状；甲醛液体与皮肤接触，能使蛋白质凝固，触及皮肤硬化甚至局部组织坏死；与空气混合可爆，与氧化剂、火种接触可燃。库房应通风、低温、干燥，与氧化剂、遇水燃烧物分开存放。

九、杂项危险品

（一）杂项危险品的定义

对于航空运输而言，有些物质或物品虽不具备前面八类危险品的任一特性，但可能会危及航空运输安全。为此，联合国及国际民航组织在危险品运输规则中专门设立了第九类杂项危险品。

（二）杂项危险品的范围

1. 磁性材料

虽然现在航行器采用电子导航，但罗盘仍为备用的导航系统。货物的磁场强度对罗盘的偏转产生影响，从而影响飞行安全。这与飞机起飞前旅客需关闭手机，避免电磁波干扰的原理类似。

磁瓦、电视机、收音机等，由于它们都有永久磁铁，因此，其产生的磁场是不可低估的。

2. 高温物品

如温度≥100℃且低于其闪点在保温条件下运输的液体，温度≥240℃且在加温条件下运输的固体等，由于这些物品处于高温，接触易燃物时会引起火灾，故列为第九类危险品。

3. 航空限制的固体或液体

具有麻醉性、有害性或其他性质，一旦出现泄漏会引起机组人员极度烦躁或不适，以至于不能正常履行职责的物质。

香精，当它浓度较低时，能给人们清香的感觉，但当其浓度很高时，就会使人感到不适和烦躁。2-乙酰噻唑等香精、香料都归为第九类危险品。

4. 仪器、机械中的危险品

如已使用过的汽车，虽然托运时已将汽油放尽但无法确保是否有残余汽油，就要按第九类危险品处理。装有电池的电动车、摩托车也属于第九类危险品。

5. 对环境有危害的物质

危害环境的物质主要包括污染水生环境的液体或固体物质，以及这类物质的混合物（如制剂和废物）。

由于人们对环境的要求越来越严格，人们测定化学物质对水中鱼的生命的影响，根据鱼类半数致死浓度的值，即96h，LC_{50}（鱼）≤1mg/L，就定为急性毒性Ⅰ级。

现在不少农药虽然对鼠类、兔等动物的经口、经皮和吸入毒性都很小，不属于毒害品。但96h，LC_{50}（鱼）≤1mg/L，就定为对环境有危害的物质。

6. 安全气囊

当汽车驾车人员在行驶过程中碰到危急情况时，装在汽车驾驶室的空气气囊就会自动打开，保护驾车人员的安全。

安全气囊的原理是汽车遭到撞击后，击针触发电路点火，点燃少量爆炸性物质，化学物质瞬时发生反应，产生大量气体，充入气囊中。这些产生气体的物质是第一类爆炸性物质，但安全气囊要通过相关试验确定其是否归属第九类危险品。

7. 锂电池

锂电池是指电化学体系中含有锂（包括金属锂、锂合金和锂离子、锂聚合物）的电池。锂电池大致可分为两类：锂金属电池和锂离子电池。

锂金属电池（包括锂合金电池）通常是不可充电的，且内含金属态的锂。锂金属电池经常用于电子表、计算器、照相机等，例如纽扣电池。

锂离子电池（包括锂离子聚合物电池）不含有金属态的锂，可以充电，是可以二次使用的电池。常用于手机、笔记本电脑等电子产品。

锂电池的危险性取决于其所含的锂，锂是一种特别容易发生反应的金属，外观呈银白色，非常柔软、可伸展，且易燃。其特性如下：

雨水或潮湿空气中会释放易燃气体；

呈固体状态时，当温度超过其熔点 180℃时，可自己燃烧；

呈粉末时，可在室温条件下燃烧；

可导致严重灼伤及腐蚀。

8. 干冰（二氧化碳）

干冰是固态的二氧化碳，白色结晶，无色无味。由于干冰的温度非常低，为 −78.5℃，能够急速冷冻物体和降低温度，因此被广泛应用于食物保鲜。不过其主要危险性在于，在机舱这种封闭的空间中，干冰可能发生汽化，生成比空气重的气体，在密闭区间和大量时能造成窒息或爆炸。因此，每个旅客携带的干冰数量不得超过 2.5kg。

9. 经过基因修改的微生物或组织

经过基因修改的微生物或组织是不能满足感染性物质的定义，但能以非正常的天然繁殖结果的方式改变动物、植物或微生物的物质。

经过基因修改的微生物或组织如得到原产地、过境和目的地国家政府主管机关的使用批准，则不受本规章的约束。

判断常见危险品的种类

任务准备

以 4 ～ 6 人的小组为单位，复习危险品的分类相关内容，并根据查阅的资料把下列内容做成 PPT 的形式。

任务实施

1. 查阅文献，制作 PPT

查找与本任务相关的危险品图片，将获取的资料进行整理与总结，以小组为单位制作 PPT。

2. 阐述危险品的性质

以小组为单位，首先阐述危险品的理化性质，其次阐述危险品的危险特性。

3. 判断危险品的类项

对查找的危险品判断其所属的危险品类项，将书本的内容形成初步认识，熟悉危险品的分类等相关内容并讨论。

任务评价

任务评价主要从同学们的资料准备情况、PPT 制作与汇报情况、危险品性质的阐述、危险品的类型的判断以及团队合作与纪律情况几个方面进行评价，详细内容如表 2-4 所示。

表 2-4 《判断常见危险品的种类》工作任务评价表

班级		姓名			得分
评价内容	分值	评定等级			
		A（权重 1.0）	B（权重 0.8）	C（权重 0.6）	
学习态度	10	学习态度认真，方法多样，积极主动	学习态度较好，能按时完成学习任务	学习态度有待加强，被动学习，延时完成学习任务	
查阅资料	10	查阅资料方法多样，资料内容丰富，整理有序、合理	查阅资料方法较单一，内容基本能满足要求	没有掌握查阅资料的基本方法，资料准备不足	
PPT 制作与汇报	20	PPT 制作精美、内容翔实、图文兼备；汇报人精神面貌好，思路清晰有条理	PPT 制作完整、内容不够丰富；汇报人能顺利讲完 PPT	PPT 制作缺乏思路，有的内容缺失；有的内容重复；汇报人词不达意	
阐述危险品的性质	30	危险品的性质表述完整	危险品的性质表述较完整	危险品的性质表述不完整	
判断危险品的类项	30	危险品的类别判断正确，项别判断正确	危险品的类别判断正确，项别判断错误	危险品的类别判断错误，项别判断错误	
总计得分					

任务二
识别危险品

任务资讯

案例引导

春运前 8 天白云机场安检查获违禁品 1.2 万件

2017 年春运前 8 天，广州白云机场安检在旅客托运行李中，查获违禁物品达 1.2 万件。在查获的违禁物品中，包括充电宝、锂电池、仿真枪、打火机、盐酸、油漆，甚至还有敌敌畏等。其中最多的就是充电宝，8 天累计查获 8136 件，平均每天多达 1000 多件。

来源：梁士斌 . 春运前 8 天白云机场安检查获违禁品 1.2 万件 [N]. 法制日报，2017-01-22.

请问这些物品中哪些属于危险化学品呢？又该如何进行识别呢？

一、易燃易爆气体的识别

易燃易爆气体多见于旅客在行李中夹带。由于该类违禁物品往往是装在储气瓶或储气罐内的，这类储气瓶或储气罐为了能承受一定的压力，在其底部一般具有内凹半周的特征，另外还设有气阀。安检人员在用 X 光机检查时，应抓住这些比较明显的特征。

此外，在进一步的开包检查时，可以根据该类气瓶或气罐外表相应的危险性标志来判断。注意对可能携带易燃气体的人员重点检查，常见的有登山者、野营者和徒步旅行者，要仔细检查他们的行李中是否夹带有气体燃料罐或氧气瓶。还有化妆品推销员和家电修理人员，也需要重点关注。安检人员对可疑物品应进一步确认，如表 2-5 所示为各类气体的危险性标签。

表 2-5　各类气体的危险性标签

标志名称	类项号	危险性标签	标志特点
易燃气体	2.1		符号：黑色或白色 底色：红色
非易燃，无毒气体	2.2		符号：黑色或白色 底色：绿色

续表

标志名称	类项号	危险性标签	标志特点
毒性气体	2.3		符号：黑色 底色：白色

易燃易爆气体的识别请扫描 M2-2 查看。

M2-2 易燃易爆气体的识别

二、易燃液体的识别

易燃液体类危险品多藏匿于行李物品中。识别藏匿于行李中的易燃液体，一般是观察在 X 光机中所显示的图像内有没有盛装液体的容器，如有的话，进一步观察其所装的液体的量是否正常。应特别注意的是该容器的液体是否过满或过少，即要怀疑其中所装的液体是否为该容器原本所装的液体。液体在 X 光机中一般都呈现出橙色。

如果图像中出现了液体的特征，就必须开箱包检查来判定该液体是否属于易燃液体。在开箱包检查中，发现盛装有液体的容器时，应对携带者进行询问。如可询问“这里面所装的液体是什么”，并同时注意旅客的表情，在回答问题时是否自然。即便安检人员大致能估计出容器内所装的液体的属性，也须这样询问，以防止给不法分子可乘之机。

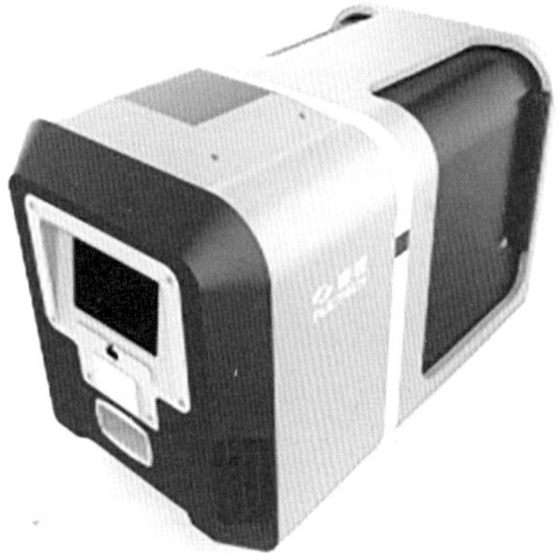

图 2-8　液体检查仪

对于非原封装的液体，可采用闻的方法加以识别。这是因为易燃液体具有较强的挥发性，可以采用招气入鼻的方法，判断其是否具有酒味、汽油味或其他刺激性气味。

对于难以启盖的透明容器，可用摇动的方法来识别。一般来说，易燃液体经摇动以后，产生的气泡会迅速地消失，且气泡消失越快，则其越易燃。

为了进一步判断其液体是否是易燃液体，可采用试烧的方法。用纸条蘸取少量液体试烧，从燃烧的难易程度上来判断。这种方法比较直观，但要注意在空气流通或较大的空间内进行，以防发生意外。这种方法一般不予提倡。

此外，新式的液体检查仪也已逐步投入应用。该仪器能够分析并识别各种常见包装中的危险液体，提供准确快速的可疑液体识别结果，如图 2-8 所示。

如表 2-6 所示为易燃液体的危险性标签。

表 2-6　易燃液体的危险性标签

标志名称	类项号	危险性标签	标志特点
易燃液体	3		符号：黑色或白色 底色：红色

易燃液体的识别请扫描 M2-3 查看。

M2-3 易燃液体的识别

三、易燃固体、自燃物品、遇湿易燃物品的识别

这几类危险品多从行李中被查获。每种物品都有其各自的特征，安检人员如在 X 光机所显示的图像中发现可疑的试剂瓶等盛装有不明物品时，必须进行开包检查，以判定其是否为本类危险品。首先应对携带者进行询问，询问时应同时注意旅客的表情，在回答问题时是否自然。

如果是原封装的固体，可从该容器的标签或性能说明书来判定，如从易燃固体的标志或相关描述，以及某些性能指标上来判定是否属于本类危险品。

如果是非原封装的固体，可采用试烧的方法来判定。取少量的固体置于一张纸上，点燃纸的一角观察火焰的燃烧速度和高度是否有变化。这种方法比较直观，但要注意在空气流通或较大的空间内进行，以防不测，故这种方法一般不予提倡。如表 2-7 所示为易燃固体、自燃物品、遇湿易燃物品的危险性标签。

表 2-7　易燃固体、自燃物品、遇湿易燃物品的危险性标签

标志名称	类项号	危险性标签	标志特点
易燃固体	4.1		符号：黑色 底色：白底红条
自燃物品	4.2		符号：黑色 底色：上白下红
遇湿易燃物品	4.3		符号：黑色或白色 底色：蓝色

易燃固体、自燃物品、遇湿易燃物品的识别请扫描 M2-4 查看。

M2-4　易燃固体、自燃物品、遇湿易燃物品的识别

四、氧化剂和有机过氧化物的识别

案例引导

阿尔山机场安检查获高锰酸钾强氧化剂

近日，阿尔山机场航空安保部安检员在执行 G52802 阿尔山—呼和浩特航班检查任务时，查获高锰酸钾强氧化剂。当日 14 时，旅检操机检查员在执行操机检查任务时，在一名女性旅客的箱包内发现一瓶装物品，在 X 光机里颜色异常，图像模糊不清，操机检查员无法判断物品性质，随即开箱包检查员要求对此箱包进行开包查验，经开箱包检查员识别确认，可疑物为高锰酸钾，旅客解释是个人消毒物品。

来源：林莉莉 . 阿尔山机场安检查获高锰酸钾强氧化剂 [N]. 中国民用航空网，2020-02-11.

作为机场工作人员，请判断高锰酸钾属于危险品的类型并向旅客说明其危险性。

在检查中如发现可疑化学物品，安检人员一般应采取询问的方式，同时查看有关此类物品的文件、标志加以识别，确认是否是氧化剂危险品。

有机过氧化物的识别方法，与氧化剂基本相同，如表 2-8 所示为氧化剂、有机过氧化物的危险性标签。

表 2-8　氧化剂、有机过氧化物的危险性标签

标志名称	类项号	危险性标签	标志特点	标签说明
氧化剂	5.1		符号：黑色 底色：黄色	类项号码必须填写在图形的底脚处
有机过氧化物	5.2		符号：黑色或白色 底色：上红下黄	许多液态有机过氧化物的成分是易燃的，但无须粘贴易燃液体的危险性标签

五、毒害品和感染性物品的识别

毒害品多为化学物品，因此检查方法与其他化学类危险品也基本类似。安检人员一般须对 X 射线机图像有可疑的化学物品进行复查，对于查获的可疑容器，应对旅客进行询问，同时注意被问者的表情是否自然。另外，通过品名和性能标志及相关的证明文件来判别是否为毒害品。

由于感染性物品含有病原体，一旦带上飞机可能会造成旅客与机组人员的感染，故安检及相关部门对此类物品的检查和拦截是十分必要的。其识别方法，与毒害品基本相同，对可疑物品需进行进一步确认，检查其品名、标志和相关证明文件。如表 2-9 所示为毒害品、感染性物品的危险性标签。

表 2-9　毒害品、感染性物品的危险性标签

标志名称	类项号	危险性标签	标志特点
毒害品	6.1		符号：黑色 底色：白色
感染性物品	6.2		符号：黑色 底色：白色

六、放射性物品的识别

安检人员在对旅客行李进行检查时，应注意在 X 射线机图像中出现的特别黑或特别亮的情况。若旅客携带有放射性物品，为了防止其发生泄漏，一般用铅质容器密封包装，故 X 射线在此部位无法透过而形成黑斑；反之，如果放射性物质泄漏的话，在该部位接收到的射线的强度就会增大，从而出现亮斑。

对于可疑的物品须查问有关人员，并查验有关的标志及证明文件。有条件的安检站可配备放射性强度的检测仪器，用仪器测量物品的放射性强度。如表 2-10 所示为国际通用的放射性物品（Ⅰ级、Ⅱ级、Ⅲ级）的危险性标签。

表 2-10　放射性物品的危险性标签

标志名称	类项号	危险性标签	标志特点
Ⅰ级放射性物品	7.1		符号：黑色 底色：白色
Ⅱ级放射性物品	7.2		符号：黑色 底色：上黄下白
Ⅲ级放射性物品	7.3		符号：黑色 底色：上黄下白

放射性物品的识别请扫描 M2-5 查看。

M2-5 放射性物品的识别

七、腐蚀性物品的识别

鉴于腐蚀性物品的危险性，若其被带上飞机一旦发生泄漏，很可能对旅客和机组造成伤害，腐蚀飞机甚至引发机毁人亡的惨剧。因此，安检人员应注意防范此类物品，对查获的可疑化学物品一般须进行询问，同时通过品名、性能标志及相关的证明文件来判别是否是腐蚀性物品，如表 2-11 所示为腐蚀性物品的危险性标签。

表 2-11　腐蚀性物品的危险性标签

标志名称	类项号	危险性标签	标志特点
腐蚀性物品	8		符号：上黑下白 底色：上白下黑

八、杂项危险品的识别

1. 锂电池的识别

（1）锂离子电池的能量。2009 年 1 月 1 日以后的锂离子电池额定能量用瓦特小时（Wh）作为计量单位，它是一种规范锂离子电池的计量标准。

（2）锂电池移动电源。锂电池移动电源是指主要功能为给手机等电子设备提供外部电源的锂电池装置，俗称“充电宝”。旅客携带的锂电池移动电源应当视为备用电池，而不是含锂电池的设备。除提供外部电源这一主要功能外还具备其他功能的锂电池移动设备也应视为备用锂电池。

杂项危险品——充电宝请扫描 M2-6 查看。

M2-6 杂项危险品——充电宝

2. 其他杂项危险品的识别

对于此类物品，检查方式一般是常规的人身检查、X 射线机检查、开箱包检查等。如表 2-12 所示为杂项危险品的危险性标签。

表 2-12　杂项危险品的危险性标签

标志名称	类项号	危险性标签	标志特点	标签说明
杂项危险品	9		符号：黑色 底色：白色	当包装件内盛装磁性物质时，必须贴上“磁性材料”标签用来代替杂项危险品标签

危险品识别的最终目的是要检查出违禁物品和禁止旅客随身携带的物品，以保证航空安全。安全责任重于泰山，我们要时刻牢记安全底线，严防一切不安全事件的发生。

工作任务

会使用手持式液体检验仪

任务准备

物品：水、乙醇。

仪器：手持式液体检验仪。

实训以 4 ～ 6 人的小组为单位，复习危险品的识别相关内容。

任务实施

手持式液体检验仪（图 2-9）可检测多种易燃易爆液体，如汽油、乙醇、煤油、丁酮、丙酮、石油醚等。

图 2-9　手持式液体检验仪

1. 校准仪器

当仪器使用一段时间后 , 若发现测试精度下降，可以进行仪器较准，操作如下：

启动仪器后，长按 10 秒，直到屏幕右上角出现红色小点闪烁，快速连按三下电源键（连按三下的动作，必须在红点闪烁消失之前完成），红色小点不再闪烁，直到出现绿色小点，则校准成功，若出现黄色小点则校准失败。若出现红色小点，不连按三下电源键，则不进入校准模式。

注：在开机不检测液体情况下，屏幕不出现“待测”字样，而长时间出现“安全或危险”字样，为保证仪器精度，请对仪器设备进行校准。

2. 实施检测

对两瓶待测液体（图 2-10）分别进行检测。

图 2-10　待测液体

检测步骤如下。

（1）将塑料或玻璃容器对准并紧贴仪器探测面，并保证仪器探测区的探测面不超出容器液体部分。

（2）如果绿色指示灯亮起，表明被检测液体是安全的，此时蜂鸣器不响。

（3）如果红色指示灯亮起并伴随蜂鸣器长响，表明被检测液体中含有危险成分，应进一步检查容器中的液体成分。

（4）拿开被检测容器，红灯和绿灯灭，蜂鸣器不响。黄灯一直保持亮，液晶显示“待测”字样。

（5）如果探测头部与检测容器之间对位不正确，则黄灯亮，液晶显示“偏位”字样。

使用注意事项如下。

（1）仪器的整个探测面都要与容器壁正对相接触，如图 2-11（a）所示。

（2）探头斜对容器壁引起探测面不能完全覆盖容器内液体，无法保证检测结果准确性，如图 2-11（b）所示。

（3）如果液面不足以覆盖整个探测面，则采用如图 2-11（c）所示的方法倾斜容器进行测试。

（4）避免检测容器被标签覆盖的地方，因为某些标签含有阻隔探测的铝箔。

（5）容器表面凹凸不平会影响检测结果。

（6）容器壁带有标签的，若为含有金属层的标签，透过贴金属标签的一侧检测时会影响探测结果，检测时应避免对准标签，可在无标签的一侧进行检测；若为非金属标签，则应尽量避免标签与容器壁中间有过大间隙，以免检测时影响检测结果，最好在无标签的平整容器壁处进行检测。

（7）只有在仪器探测面完全紧贴液体容器时所显示的结果才是最准确结果。

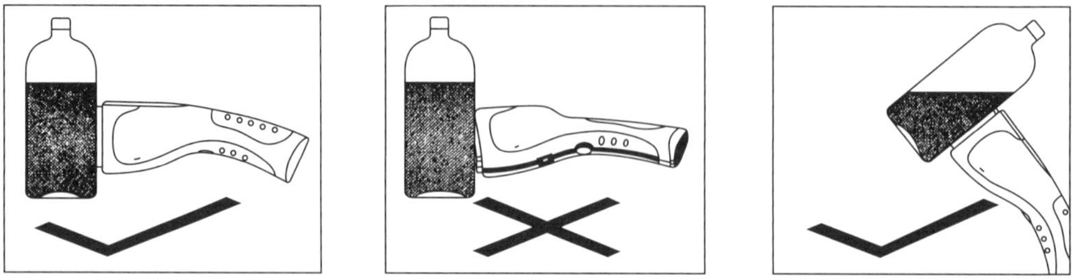

(a)　　(b)　　(c)

图 2-11　使用手持式液体检验仪的注意事项

3. 结果观察与分析

物品危险性测试实验现象分析如下：

组号	物品	实验现象（红灯 / 绿灯 / 黄灯）	现象分析（危险 / 安全）	实验结果（水 / 乙醇）
1	待测液体 1			
2	待测液体 2			

任务评价主要从同学们的学习态度、校准仪器、实施检测、现象分析几个方面进行评价，详细内容如表 2-13 所示。

表 2-13 《会使用手持式液体检验仪》工作任务评价表

班级		姓名			得分
评价内容	分值	评定等级			
		A（权重 1.0）	B（权重 0.8）	C（权重 0.6）	
学习态度	20	学习态度认真，方法多样，积极主动	学习态度较好，能按时完成学习任务	学习态度有待加强，被动学习，延时完成学习任务	
校准仪器	20	校准方法正确、规范	校准操作较为规范，有操作失误，但不影响实验结果	校准操作不规范，有操作失误，影响实验结果	
实施检测	30	严格按照操作要求采取正确、规范的操作步骤	操作较为规范，有操作失误，但不影响实验结果	操作不规范，有操作失误，影响实验结果	
现象分析	30	认真观察现象，现象描述真实、严谨	认真观察现象，现象描述不清晰	观察现象不认真、现象描述不严谨	
总计得分					

一、单项选择题

1. 铵油炸药属于（　　）。

A. 爆炸品　　B. 易燃液体　　C. 腐蚀品　　D. 杂项

2. 有整体爆炸危险的物品是（　　）。

A. 烟花　　B. 爆竹　　C. 礼花弹　　D.TNT

3. 违禁品中的爆炸物品不包括（　　）。

A. 打火机　　B.TNT 炸药　　C. 雷管　　D. 导火索

4. 不呈现重大危险的爆炸物品是（　　）。

A. 硝化甘油　　B.TNT　　C. 烟花　　D. 枪弹

5. 违禁品中的爆炸物品不包括（　　）。

A. 烟花爆竹　　B. 火柴　　C. 硝酸铵炸药　　D. 雷管

6. 氧气不属于（　　）。

A. 氧化剂　　B. 助燃物　　C. 可燃物　　D. 无色气体

7. 第三类危险品有（　　）。

A. 汽油　　B. 氢气　　C. 氧气　　D. 甲烷

8. 氢气应粘贴（　　）危险性标签。

A.
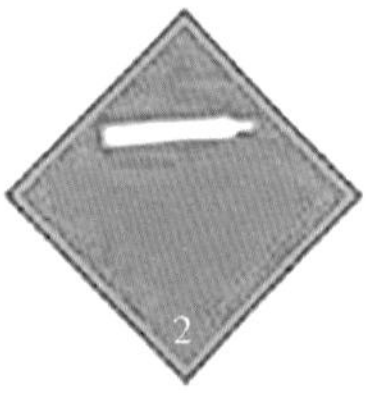

B.

C.

9. 甲醛（HCHO）属于（　　）。

A. 易燃气体　　B. 腐蚀品　　C. 易燃液体　　D. 杂项

10. 浓硫酸属于（　　）。

A. 包装品　　B. 腐蚀品　　C. 易燃液体　　D. 杂项

二、判断题（正确的打“√”，错误的打“×”）

1. 液体的闪点越高，它的火灾危险性越大。（　　）

2. 汽油能因浸润等作用扩大其表面积，使其蒸发速度加快，提高在空气中的蒸发浓度，遇明火等引起燃烧或爆炸，所以在遇到盛有易燃液体的容器洒漏时应尽快采取措施，以避免其流动后造成处理困难。（　　）

3. 铁桶装的易燃液体在夏季受热后出现的“鼓桶”现象，主要是蒸气压增大而造成的。（　　）

4. 大多数易燃液体及其蒸气均有不同程度的毒性，一般说酒精无毒，但乙醇在人体内能对中枢神经系统起抑制作用，经常饮用，会引起肝脏严重损坏。（　　）

5. 苯为无色透明易挥发的液体，不属于易燃液体。（　　）

6. 白磷用水进行液封储存。（　　）

7. 金属钠不属于第 4.3 项危险品。（　　）

8. 白磷有剧毒，不能暴露在空气中储存和运输。（　　）

9. 许多易燃固体有毒，燃烧物有毒或有腐蚀性，如二硝基苯酚、硫黄、五硫化二磷。（　　）

10. 红磷属于易燃固体。（　　）

11. 毒害品在水中的溶解度越大，其毒性也越小。（　　）

12. 毒害品的颗粒越小，越易引起中毒。（　　）

13. 砷有两种氧化物，分别是三氧化二砷（As_2O_3）及五氧化二砷（As_2O_5），其对应的酸与对

应的盐多数皆为剧毒品。其他各类砷化物也大多具有毒性。（　　）

14. 为防止放射性物质由呼吸系统进入体内，作业时，环境要保持良好的通风，杜绝放射性物质粉末由于过分干燥而漂浮于空气中。（　　）

15. 腐蚀性物品是化学性质非常活泼的物质，能与很多金属、非金属及动植物机体等发生反应。（　　）

三、简答题

1. 气体有哪些不同的物理状态？
2. 指出氧化剂的类别和项别分别是什么？
3. 第五类危险品分为几个项？有几个危险性标签？
4. 请举例属于 5.1 项的物品有哪些。
5. 过氧乙酸属于 5.2 项危险品吗？
6. 常见的毒性物质有哪些？
7. 常见的腐蚀品有哪些？
8. 杂项危险品的范围有哪些？

M2-7　参考答案

项目三 危险品防火防爆

学习目标

能力目标

（1）能识别危险化学品安全标签。
（2）能认识各类危险品的存储和运输。
（3）能判断火灾的种类。
（4）根据危险品的性质判断所应使用的灭火剂。

知识目标

（1）掌握危险品包装的基本要求、危险化学品安全标签。
（2）了解危险品存储的要求、危险品安全运输的宗旨。
（3）了解危险火源的种类、危险品的防火防爆要求。
（4）了解灭火的方法、常用的灭火剂。

素质目标

（1）树立环保意识、养成严谨细致的职业习惯。
（2）养成诚实守信、吃苦耐劳的职业素养。
（3）树立风险忧患意识，具有职业精神。
（4）树立良好的职业道德，树立安全责任意识。

任务一 包装危险品

任务资讯

危险品的包装不仅是为了保护货物的使用价值不受损失，而且是防止危险品在运输过程中危害人员、环境和设备的重要保障。危险品的包装必须符合 DGR（即《危险品规则》）第五章的要求及 CCAR-276-R1 部的相关规定。托运人必须保证所托运的危险品已被正确包装。

一、危险品包装的基本要求

1. 危险品包装的作用

（1）防止所包装的危险品因接触雨雪、阳光、潮湿空气和杂质而发生变质，或发生剧烈化学反应造成事故。

（2）可减少货物在运输过程中所受到的碰撞、震动、摩擦和挤压，使其在包装的保护下处于相对稳定状态，从而保证安全运输。

（3）防止因货物洒漏、挥发以及与性质相互抵触的货物直接接触而发生事故或污染运输设备及其他的货物。

（4）便于装卸、搬运和保管，从而提高工作效率和运载效率。

2. 危险品包装的基本要求

根据危险品的性质和运输的特点，以及包装应起到的作用，危险货物的包装必须满足以下的基本要求。

（1）包装及容器的材质、种类应与所装危险货物的性质相适应。

（2）包装及容器要有一定的强度，其构造和封闭装置能经受运输过程中正常冲撞、震动、挤压和摩擦。

（3）包装应有适当的衬垫及吸附材料。

（4）包装件重量、规格和型号应适应装卸和搬运条件。

（5）包装的外表应有规定的包装标记与标签。

二、危险品包装的方式和种类

1. 危险品包装的方式

危险品的包装有组合包装和单一包装两种方式。

（1）组合包装。由一个或多个内包装以及一个外包装组成。外包装一般由木材、纤维板、金属或塑料制成，内包装由金属、塑料、玻璃或陶瓷制成，根据不同要求，包装内还需装入衬垫或吸附材料。有些危险品的包装要求将内包装装入外包装之前使用中层包装。

（2）单一包装。在运输过程中，不需要任何内包装来完成其盛放功能的包装。一般由钢铁、铝、塑料或其他被许可的材料制成，如钢桶、方形桶和复合包装等。

包装须符合包装性能试验的要求。此种试验是为了保证货物包装可以适应各种正常的运输条件。包装方法取决于所用包装的种类及包装内所含的危险品的数量，大致有下列 3 种：例外数量包装，针对极少量的危险品；限制数量包装，针对较少量的危险品；UN 规格包装，针对普通数量的危险品。

2. 危险品包装的种类

危险品有以下几种包装。

（1）UN 规格包装。经过联合国的包装试验，并保证达到联合国安全标准，有联合国试验合格标志的包装。

（2）有限数量包装。使用“Y”限量包装方法的包装，必须符合 DGR5.0.2 中包装的有关要求，其结构性能应符合 DGR6.1 和 DGR6.2 中的规定，足够结实并通过 DGR6.6 中的测试。

有限数量包装无任何规格标记，但必须标明有限数量包装标记。有限数量包装方法只能使用组合包装，且包装件的最大毛重为 30kg。

（3）其他包装。如气体钢瓶、干冰包装、磁性物质包装等均属于其他包装。其他包装可以是单一包装也可以是组合包装。但必须满足 DGR5.0.2 一般包装要求。

（4）合成包装。是指为了运输和装卸的方便，将若干个符合危险品包装标记及标签要求的包装件合成一个作业单元用于运输的包装件。

三、危险化学品安全技术说明书

按照规定，危险化学品应附有与危险化学品完全一致的化学品安全技术说明书，并在包装（包括外包装件）上加贴或者拴挂与包装内危险化学品完全一致的化学品安全标签。

国际上将化学品安全技术说明书（Safety Data Sheet for Chemical Products，SDS）称为化学品安全信息卡。欧盟及国际标准化组织（ISO）均采用 SDS 术语，然而在美国、加拿大、澳大利亚以及亚洲的许多国家，SDS 也可以作为材料安全技术 / 数据说明书（Material Safety Data Sheet，MSDS）使用，两个技术文件的作用基本一致。

化学品安全技术说明书是一份关于危险化学品燃爆、毒性和环境危害以及安全使用、泄漏应急处置、主要理化参数、法律法规等方面信息的综合性文件，是化学品的供应商向下游用户传递化学品基本危害信息（包括运输、操作处置、储存和应急行动信息）的一种载体。同时，化学品安全技术说明书还可以向公共机构、服务机构和其他涉及该化学品的相关方传递以上信息。

化学品安全技术说明书的内容包括以下 16 个部分。

（1）化学品及企业标识。该信息主要标明化学品名称、生产企业名称、地址、邮编、电话、应急电话、传真等信息。

（2）成分 / 组成信息。该信息标明该化学品是纯化学品还是混合物。纯化学品，应给出其化学名称或商品名和通用名；混合物，应给出危害性成分的浓度或浓度范围。无论是纯化学品还是混合物，如果其中包含有害性成分，则应给出化学文摘索引登记号（CAS 号）。

（3）危险性概述。该信息简要概述本化学品最重要的危害和效应，主要包括危险类别、侵入途径、健康危害、环境危害、燃爆危险等信息。

（4）急救措施。该信息主要指作业人员意外受到伤害时，所需采取的现场自救或互救的简要的处理方法，包括眼睛接触、皮肤接触、吸入、食入的急救措施。

（5）消防措施。该信息是指化学品的物理和化学特殊危险性，合适的灭火介质、不合适的灭火介质以及消防人员个体防护等方面的信息，包括危险特性灭火介质和方法、灭火注意事项等。

（6）泄漏应急处理。该信息指化学品泄漏后现场可采用的简单有效的应急措施、注意事项和消除方法，包括应急行动、应急人员防护、环保措施、消除方法等内容。

（7）操作处置与储存。该信息主要是指化学品操作处置和安全储存方面的信息资料，包括操作处置作业过程中的安全注意事项、安全储存条件和储存注意事项。

（8）接触控制 / 个体防护。主要指在生产、操作处置、搬运和使用化学品的作业过程中，为保护作业人员免受化学品危害而采取的防护方法和手段，包括最高容许浓度、工程控制、呼吸系统防护、眼睛防护、身体防护、手防护、其他防护要求。

（9）理化特性。该信息主要描述化学品的外观及理化性质等方面的信息，包括外观与性状、pH 值、沸点、熔点、相对密度（水 =1）、相对蒸气密度（空气 =1）、饱和蒸气压、燃烧热、临界温度、临界压力、辛醇 / 水分配系数、闪点、引燃温度、爆炸极限、溶解性、主要用途和其他一些特殊理化性质。

（10）稳定性和反应性。该信息主要叙述化学品的稳定性和反应活性方面的信息，包括稳定性、禁配物、应避免接触的条件、聚合危害、分解产物。

（11）毒理学信息。主要提供化学品的毒理学信息，包括不同接触方式的急性毒性（LD_{50}、LC_{50}）、刺激性、致敏性、亚急性和慢性毒性、致突变性、致畸性、致癌性等。

（12）生态学资料。生态学资料主要陈述化学品的环境生态效应、行为和转归，包括生物效应、生物降解性、生物富集、环境迁移及其他有害的环境影响等。

（13）废弃处置。该信息主要指对被化学品污染的包装和无使用价值的化学品的安全处理方法，包括废弃处置方法和注意事项。

（14）运输信息。该信息主要是指国内、国际化学品包装、运输的要求及运输规定的分类和编号，包括危险货物编号、包装类别、包装标志、包装方法、UN 编号及运输注意事项等。

（15）法规信息。该信息主要是化学品管理方面的法律条款和标准。

（16）其他信息。该信息主要提供其他对安全有重要意义的信息，包括参考文献、填表时间、填表部门、数据。

四、危险化学品安全标签

危险化学品包装上均贴有相应的安全标签，用来表示化学品的危险性和注意事项，警示作业人员进行安全操作和使用，是向使用者传递安全信息的一种载体。

国家标准《化学品安全标签编写规定》（GB 15258—2009）明确指出：安全标签用文字、图形符号和编码的组合形式表示化学品所具有的危险性和安全注意事项。安全标签由生产企业在货物出厂前粘贴、拴挂、喷印在包装或容器的明显位置。若改换包装，则由改换单位重新粘贴、挂拴、喷印。

化学品安全包装标识一般包括化学品编号、化学品名称、化学式、分子量、危害、接触类型、急性危害、症状、预防、急救、消防、溢漏处置、储存、包装与标志、重要数据、物理性质、环境数据等诸多项目。

简要介绍如下。

1. 标签内容

（1）名称。用中文和英文分别标明危险化学品的通用名称。名称要求醒目清晰，位于标签的正上方。

（2）分子式。用元素符号和数字表示分子中各原子数，居名称的下方，若是混合物此项可略。

（3）化学成分及组成。标出主要危险组分及其浓度或规格。

（4）编号。标明联合国危险货物编号和中国危险货物编号，分别用 UN No. 和 CN No. 表示。

（5）危险性标志。用危险性标志表示各类化学品的危险特性，每种化学品最多可选用两个标志。标志采用联合国《关于危险货物运输的建议书》和国家标准《化学品分类和危险性公示通则》（GB 13690—2009）中“常用危险化学品分类及标志”。

（6）警示词。根据化学品的危险程度和类别，用“危险”“警告”“注意”3 个词分别进行高度、中度、低度危害的警示。当某种化学品具有一种以上的危险性时，用危险性最大的警示词。警示词位于化学名称下方，要求醒目、清晰。

（7）危险性概述。简要概述化学品燃烧爆炸危险特性、健康危害和环境危害。居警示词下方。

（8）安全措施。表述化学品在处置、搬运、储存和使用作业中所必须注意的事项和发生意外时简单有效的救护措施等，要求内容简明、扼要、重点突出。

（9）灭火。化学品为易（可）燃或助燃物质，应提示有效的灭火剂和禁用的灭火剂以及灭火注意事项；若化学品为不燃物质，此项可略。

（10）批号。注明生产日期及生产班次。

（11）提示向生产企业索取安全技术说明书。

（12）生产厂（公司）名称、地址、邮编、电话。

（13）应急电话。填写企业应急电话和国家化学品登记注册中心事故应急热线电话。

2. 使用

（1）使用方法。标签应粘贴、拴挂、喷印在化学品包装或容器的明显位置。应采用多层包装运输：原则上要求内外包装都应加贴（挂）安全标签，但若外包装上已加贴安全标签，内包装是外包装的衬里，内包装上可免贴安全标签；外包装为透明物，内包装的安全标签可清楚地透过外包装，外包装可免加标签。

（2）位置。标签的位置规定如下。

① 桶、瓶形包装：位于桶、瓶侧身。

② 箱状包装：位于包装端面或侧面明显处。

③ 袋、捆包装：位于包装明显处。

④ 集装箱、成组货物：位于四个侧面。

3. 注意事项

（1）标签的粘贴、挂栓、喷印应牢固，保证在运输、储存期间不脱落、不损坏。

（2）标签应由生产企业在货物出厂前粘贴、拴挂、喷印。若要改换包装，则由改换包装单位重新粘贴、挂拴、喷印标签。

（3）盛装危险化学品的容器或包装，在经过处理并确认其危险性完全消除之后，方可撕下标签，否则不能撕下相应的标签。

M3-1　危险化学品安全标签

危险化学品安全标签请扫描 M3-1 查看。

工作任务

危险化学品安全标签的风险辨识

任务准备

请仔细观察图片，回答下述问题。

任务实施

① 图中盛装天那水的容器存在什么事故隐患？
② 会有什么风险后果？
③ 化学品安全标签的使用方法是怎样的？
④ 化学品安全标签的粘贴位置是怎样的？

任务评价

任务评价表如表 3-1 所示。

表 3-1 《危险化学品安全标签的风险辨识》工作任务评价表

班级：　　　　姓名：　　　　学号：　　　　成绩：

测试内容	测试考核要点	分值	扣分	得分
职业素养	仪容仪表规范：发型自然大方；面部不浓妆艳抹，不戴奇异饰物；讲究卫生，仪容整洁	5		
	着装规范：着制式服装，着装整洁，着黑色或深棕色皮鞋	5		
	礼仪规范：面带微笑，表情自然，仪态优美，热情有礼；使用文明礼貌用语，对旅客服务沟通符合语言礼仪规范	10		
图示分析	正确回答天那水盛装容器存在的事故隐患	15		
	正确回答导致的风险后果	15		
	正确回答化学品安全标签的使用方法	20		
	正确回答化学品安全标签的粘贴位置	20		
	在规定时间内完成表述，超时扣 2 分	10		
小计		100		

任务二 存储和运输危险品

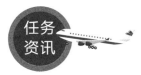

任务资讯

危险品是特殊的货物，在存储中需要特殊照料，一旦发生货物丢失或发生危险品事故，就会给人员、财产带来危害和损失。因此，要求担任危险品管理工作的人员必须具有高度的责任心和安全意识，具备危险品储运的能力。

一、危险品存储的要求

1. 危险品的存储

（1）危险品的包装件应在专门设计的危险品仓库或危险品存放区中。如果在普通货物的库房中存储，必须转移至指定区域以便集中管理。

（2）危险品仓库及普通仓库的指定区域应具备如下条件：通风良好无阳光直射，远离各种热源，夏季温度不宜过高；消防设备完善，消防器材齐备；远离其他货物，一旦发生事故便于迅速抢运出库。

（3）用于存储第 7 类放射性物质的仓库，其墙壁及仓库大门必须坚固，在一定程度上具有降低放射性物质辐射水平的功能，必须与工作人员和公众有足够的隔离距离。使用以下的计量值来计算隔离距离或辐射水平：

工作人员经常工作区域的计量为每年 5mSv（毫西弗，辐射剂量的基本单位之一）；

公众经常进入区域的计量为每年 1mSv。

（4）危险品库区严禁使用明火，严禁吸烟。

（5）危险品仓库内或存放区内外明显位置应标明应急救援电话号码。

（6）危险品存放场所必须设有明显的标志，有明显的隔离设施。

2. 危险品仓库（含存放区）设施

（1）危险品仓库必须具备安全、充足的照明设备和有效的消防设施，以备在发生事故时能及时采取应急措施。

（2）应有良好的通风，以便有效地消除仓库内储存大量的危险品而难以避免地散发出的化学物品气味。

（3）危险品仓库应配备相应的防护用品，以备在发生危险品泄漏及危险品事故时，能及时、有效地采取应急措施，实施个人防护。

3. 危险品仓库的管理

（1）专门从事危险品仓储的工作人员必须持有危险品训练合格证书，危险品仓储管理人员还必须受过消防知识的专门训练，并了解各类危险品的性质及其事故的处理方法。

（2）危险品仓库管理工作应建立完善的仓库管理制度。

（3）危险品入库和出库时应核对货物的货运单号码、清点货物的件数、检查货物的包装，并将出库记录保存在独立的记录本上。

（4）危险品仓库或存放处应定期清库。对于不正常运输的危险品应定期与查询部门联系其处理情况，避免危险品的积压。

（5）对于无人提取的货物，必须存放在安全的场所并立即通知相关的国家主管部门，并向其征求进行进一步处理工作的指导意见。

（6）存储区域应贴有不相容危险品隔离表及应急救援联系图，以便操作人员随时查阅。

4. 危险品的码放

（1）操作人员必须依照“轻拿轻放”原则和“请勿倒置”原则搬运和码放危险品包装件。

（2）性质相抵触的危险品包装件在仓库的码放必须符合隔离原则。

（3）入库的危险品应按照包装件上的操作标签、标记进行码放，标记、标签应朝外以便查看，码放时还应遵循“大不压小、重不压轻、木箱或金属包装不压纸箱”的原则。一般情况下，货物码放的高度不宜超过同类货物的 4 层或 3m 的高度。

5. 危险品存储的要求

（1）危险品存储方式分为以下 3 种。

① 隔离储存。指在同一房间内或同一区域内，不同物品之间分开一定距离，非禁忌物料之间用通道保持空间的储存方式。

② 隔开储存。指在同一建筑或同一区域内，用隔板或墙将其与禁忌物料（化学性质相抵触或灭火方法不同的化学物料）分离开的储存方式。

③ 分离储存。指将危险品在不同的建筑物或远离所有建筑物的外部区域内储存的储存方式。

（2）根据危险化学品性能，分区、分类、分库储存。各类危险化学品不得与禁忌物料混合存储。

（3）储存危险品的建筑物、区域内严禁吸烟和使用烟火。

（4）剧毒化学品仓库管理人员必须做到“五双”（即双人保管、双人收发、双人领用、双人账本、双把钥匙）。

储存危险化学品，要符合以下几个要求：应当分类、分项存放，堆垛之间的主要通道应当有安全距离，不得超量储存；遇火、遇潮容易燃烧、爆炸或者产生有毒气体的危险化学品，不得在露天、潮湿、漏雨和低洼容易积水的地点存放；受阳光照射容易燃烧、爆炸或者产生有毒气体的危险化学品和桶装、罐装等易燃液体、气体应当在阴凉通风地点存放；化学性质或防护、灭火方法相互抵触的危险化学品，不得在同一仓库或同一储藏室存放。

二、危险品安全运输的宗旨

危险品所具有的危险特性，在运输、存储过程中稍有不慎极易发生严重事故，对人员和财产造成危害。但大量的实践证明，在严格遵守一定原则的前提下，危险品是可以通过航空安全运输的。如果我们掌握危险品的性质，正确加以区分，合理包装，正确运用标记和标签，认真填写运输文件，并严格遵守各环节操作规程，就完全可以杜绝事故的发生，保障航空运输的安全。

DGR 是根据国际民航组织的 TI 制定的一本便于使用的手册。它运用了附加的操作要求，为运营人安全、有效地运输危险品提供了一种和谐的秩序。

执行 DGR，就如同执行 TI 及我国的 CCAR-276-R1 部。

有些危险品由于危险性太大，因此在任何情况下都被禁止空运；有些危险品在一般情况下被禁止空运，但在有关国家的特殊批准下可以空运；有些危险品只能在货机上运输；但大多数危险品只要符合《危险品规则》的有关规定，则客机和货机均可运输。

在危险品运输中，包装是非常重要的。《危险品规则》以多种形式的内包装、外包装及单一包装选择，为所有可空运的危险品提供了包装说明。通常，危险品运输要使用通过联合国性能测试的规格包装，即 UN 包装。然而当危险品符合限制数量“Y”包装说明条款进行限定数量托运时，无须使用这样的规格包装。允许在这些包装范围内托运的危险品数量受到 DGR 的严格限制，以使事故发生时危险性降到最低程度。

为了保持安全管理，培训是必不可少的。必须使所有参与危险品的准备或运输的人员都接受过正确的培训以使其行使职责。

应当明确的是，当根据 DGR 进行准备和操作时，危险品在运输过程中出现问题的可能性是微乎其微的。

托运危险品时，托运人必须认真填写“托运人危险品申报单”，以便告知航空公司危险品的详细情况，从而保证运输各环节的正确操作。为了能够正确处置可能发生的任何紧急情况，机长必须知道机上所载运的危险品。在可能的情况下，机长还必须将此情况传达给空中交通管制部门，以在发生事故或重大事故时对方可以提供援助。有关隐含的危险品的知识也必须让旅客了解，以帮助他们认识哪些是不允许随身或在托运行李中携带的危险品，哪些是不易识别的危险品。

危险品事故或重大事故必须报告，这样有关当局在调查中就可以确定其起因并采取正确的措施。同时，如果根据调查结果 DGR 须作更改，就可以及时采取适当的调整措施。

三、危险品的存储和运输

1. 压缩气体和液化气体的储存和运输

仓库应阴凉通风，远离火种、热源，防止阳光暴晒，严禁受热。具体的储存和运输要求如下。

（1）钢瓶包装外形整齐、附件齐全、密封无漏气，包装应在试用期内。

（2）内容物互为禁忌物的应分库存放。装卸时必须轻拿轻放，严禁碰撞、抛掷。

（3）钢瓶阀门应拧紧，不得漏气。

（4）运输时应装好钢瓶安全帽，瓶口朝同一方向，防止滚动。

（5）钢瓶定期进行技术检验。

列举几个实例如下。

（1）气瓶。气瓶可以直立放在瓶架上，也可以平放在干燥的地面上，但不可倒置。气瓶平放时应避免滚动。多个气瓶存放时，瓶口朝向要一致，并应避免将瓶口指向人多处。

（2）液氮罐。应保持直立、箭头向上；数量多时，如果放置于封闭的空间内，应注意通风，防止窒息。

2. 易燃液体的储存和运输

（1）仓库应阴凉通风，远离火种、热源、氧化剂及氧化剂酸类。闪点低于 23℃的液体，库温不能超过 30℃。大量存储时可用罐装，但设备必须防爆；有导除静电的接地装置，储罐可以露天，但是气温高于 30℃时要采取降温措施。

（2）装卸、搬运过程中轻拿轻放，严禁滚动、摩擦、拖拉。作业过程中禁止使用铁制工具及带铁钉的鞋，避免出现火花。

（3）专库专储，一般不与其他化学物混存。

（4）天气炎热时最好在早晚气温比较低时进出库房或运输。

一般在运输这类危险品时，装配位置应远离休息室、机舱、电源、热源、火源。

3. 易燃固体、自燃物品和遇湿易燃物品的储存和运输

（1）易燃固体的储存和运输

① 储存于阴凉通风的库房，远离火种、热源、氧化剂、酸类。不可与其他危险品混存。

② 搬运时轻装轻卸，防止拖、拉、摔、撞，保持包装完好。

③ 有些品种如硝化棉，应注意通风散热，防止受潮发霉，注意储存期限。

④ 含有水分或乙醇等稳定剂的硝化棉等，应经常检查包装和稳定剂情况。

⑤ 储存中，不同种类事故应区别对待。

⑥ 运输时，装配位置应远离休息室、机舱、电源、火源、热源。

（2）自燃物品的储存和运输

① 注意包装的完整和密封。

② 储存于通风、阴凉、干燥处，远离火源、热源，防止阳光直射。

③ 根据物品性质和要求，选取适当地点，专库存储，不能与其他危险品混存。即使少量也应与酸类、氧化剂、金属粉末、易燃易爆物品隔离存放。

④ 搬运时轻装轻卸，不得撞击、翻滚、倾倒。

⑤ 结合自燃物品的不同特性和当时的季节气候，经常检查库内有无异状，包装有无破损。

⑥ 运输时应按照品种性质区别对待。

（3）遇湿易燃物品的储存和运输

① 此类物品严禁露天存放，库房必须干燥，严防漏水或雨雪浸入。

② 库房必须远离火种、热源，附近不得存放盐酸、硝酸等散发酸雾的物品。

③ 包装必须严密，不得有破损，活泼金属钾、钠等绝对不许露置于空气中。

④ 不得与其他类危险品，特别是酸、氧化剂、含水物质、潮解性物质混储混运，也不能将消防方法相抵触的物品同库存放、运输。

⑤ 装卸时应轻拿轻放，不得翻滚、撞击、摩擦、倾倒。雨天无防雨设备不得作业。

⑥ 出入库前，进行容器完好性检查。

注意：此类物品严禁使用酸碱、泡沫灭火剂；活泼金属如遇火灾还不得用二氧化碳灭火。

4. 氧化剂和有机过氧化物的储存和运输

（1）氧化剂应储存于清洁、阴凉、通风、干燥的库房中。远离火种、热源，避免阳光暴晒。

（2）仓库不得漏水，并防止酸雾侵入。严禁与酸类、易燃物、有机物、还原剂、自燃物品、遇湿易燃物品混储。

不同品种的氧化剂，应根据性质和消防方法不同，选择适当库房分类存放。

运输过程中，装卸和搬运时应轻拿轻放，不得滚动、摔掷，避免摩擦。

（3）运输时应单独装运，不得与酸类、易燃物品、自燃物品、遇湿易燃物品、有机物、还原剂同车装运。

（4）仓库储存前后和运输装卸前后，应彻底清扫、清洗，严防混入有机物、易燃物等杂质。

5. 毒性物质的储存和运输

（1）毒性物质必须储存在仓库中，不得露天存放。

（2）严禁毒性物质与食品或食品添加剂混储、混运。

（3）毒性物质一般不得和其他种类物品共同运输。

（4）储存和运输毒性物质，应先检查包装容器是否完整、密封。

（5）搬运毒性物质应轻拿轻放。

（6）剧毒品应严格按“五双”管理制度执行。

6. 放射性物品的储存和运输

含有放射性物质的包装件、合成包装件及放射性物质专用箱，无论在何处摆放，放射性的运输指数或临界安全指数均不得超过 50。对于总运输指数或临界安全指数超过 50 的，必须将其分开码放，且分开的两堆货物之间至少保持 6m。

案例链接

首都机场地服危险品班组：让危险品航空运输转“危”为安

近期，随着境外新冠疫情的不断发展，大量医疗援助物资出现在首都机场地服公司（BGS）国际货站，经首都机场口岸出境，其中大批量（次）的消毒用品以及附带锂电池的医用器材需要按照国际危险品航空运输规则进行物流储运。BGS 货运部国际特货班组（以下简称“BGS 国际特货组”）作为民航业内的危险品专业操作班组，勇担重任、积极协作，为大批量（次）危险品的安全快速出港保驾护航。

在 BGS 国际货站的前货场上，特货组人员身穿橙色反光背心，不间断地对每一件交运来的危险品及其文件与包装状态进行专业的安全检查。由于物资类航班操作的时效性极强，在检查合格后，他们立刻组织现场人员将所有散件货物按照类别集中码放组装在多个托盘上，集中过检，以加快过检速度。待货物安全入库后，他们对货物装载进行全流程监控。

危险品货物的收运工作需要扎实专业的操作技能、严谨规范的检查收运程序、严密无误的危险品库房监管制度以及有序而精细的管理模式。如此大量的危险品如何做到安全迅速地运输呢？

1. 精雕细琢，打铁还需自身硬

BGS 国际特货组为什么被认为是民航业内的危险品专业操作班组？这和他们卓越的专业技能有关。该特货组由前端检查接收岗位及库内国际特殊物品库房管理岗位两部分组成。根据危险品航空货物的专业精专、安全保障能力需求高的特点，班组每年都会组织员工参加民航局、安全专业培训机构、航空公司及公司内部等近百人次各项专业化安全管理及操作培训。目前，BGS 国际特货组 13 名员工全部具备民航局认证的六类危险品操作资质，在专业技能方面，他们始终坚持精益求精，追求卓越。

为提高紧急情况下的应变能力，BGS 国际特货组定期开展“危险品应急演练”，包括“无剧本”的应急桌面以及场景模拟实战演练。一旦发生突发情况，BGS 货运特货组会在最短的时间内，对货物的全部信息进行调取、汇总和判断，并将具体情况及时向上级和相关部门汇报，随后通过查询专业应急处置资料精准地找到不同类别危险品的应急处置办法，快速给出处理意见。危险品收运过程中的任何一个环节，他们都会做好应急支援工作，以确保安全责任到岗。

成立至今 13 年来，BGS 国际特货组一直保持“零事故”安全操作的纪录，获得全国民航系统“青年文明示范岗”，首都机场股份公司安委会优秀班组、优秀班组长，并多次获 BGS 优秀班组、BGS 安全示范班组、BGS 安全岗位标兵等多项荣誉称号，专业程度可见一斑。

2. 无一例外，向“闯入者”者说“不”

危险品库房长期存放着易燃液体、毒性物质、放射性物质、腐蚀性物质等九种类别的危险品，并且平均每天都会有 30 ～ 40 吨的危险品货物进出危险品库房，那么这个过程中的安全存放是如何保障的呢？

首先，BGS 国际特货组首创“双人核查”“双人双锁”等有效的危险品安全管理机制，且被业内同行效仿；其次，库房配备了国内外先进的自动化消防系统、安防防入侵系统及放射性剂量监控系统，从消防、安防、技防三个维度对库房进行实时监控。

在人防方面，库房配备了 24 小时不间断在岗人员，以及具备危险品处置资质的库房管理员工，并单独设立保安执勤岗。同时，为确保库内的消防安全，库房内还设有两名具备消防资质、熟悉各项消防应急处置方法的消防安全监控员，24 小时对库房内的消防安全及消防设备进行巡查和监控。在出入库管理方面，库房管理人员都会认真对待每一票进出库房的货物，对货物全程进行检查和监督。在安全巡查方面，库房管理员工每天对库内货物进行至少两次的全面盘查，并且每 4 个小时巡查一次库内货物的存储状态。

3. 革故鼎新，不甘人后

BGS 国际特货组勇于创新，提出建设危险品数字化全流程链信息管理方案，推进班组的操作向科技、智慧型班组转型。危险品货物信息管理模块将结合大数据、小程序等高科技手段，并结合网页端及移动端双模共享服务，实现危险品货物操作全过程信息化管理模式，在推进货运全产业链的信息化进程方面开了先河。

危险品货物信息管理模块具备危险品申报信息检查及货物收运检查功能、货物出入库管理及盘存功能、危险品存储区域巡查等功能，上线使用后将极大改善目前航空危险品收运、存储、应急管理均采用传统的纸质及手工翻阅资料的传统模式。此外，该模块同时计划配备数字化危险品现场应急处理即时信息查询功能，该功能可以极大提升危险品的应急处理效率，实时定位危险品货物的存储位置并对危险品货物的信息进行自动化大数据分析，极大地提升危险品货物的应急处置能力，全面提升危险品安全保障能力。

4. 各尽其能，精诚协作

BGS 国际特货组成员的工作，看似平凡，但每一个人都承担着巨大的责任和安全风险。唯有合理、高效、精益的管理制度，方能凝聚人力，完成好每一次的任务，机场的建设和安全保障的推进需要国际特货组成员共同的努力。

来源：张薇 . 首都机场地服危险品班组：让危险品航空运输转“危”为安 [N]. 中国民航网，2020-05-20.

只有危险品的包装符合要求，才能减少危险品储运中的质量事故，减少危险品对人身的伤害，加强环境保护，确保货运的安全。

工作任务

认识各类危险品的存储和运输

任务准备

以 4 ～ 6 人的小组为单位，复习危险品的存储和运输相关内容，并根据查阅的资料把下列内容做成 PPT 的形式。

任务实施

1. 查阅文献，制作 PPT

查找各类危险品的存储和运输的相关动画视频，将获取的资料进行整理与总结，以小组为单位制作 PPT。

2. 阐述危险品的存储要求

根据查找的资料，总结危险品的存储要求。

3. 判断危险品是否可以空运

首先判断危险品是否可以空运，其次要阐述托运危险品的要求，将书本的内容形成初步认识，熟悉危险品的运输等相关内容并讨论。

任务评价

任务评价主要从同学们的资料准备情况、PPT 制作与汇报情况、对危险品存储要求的阐述、危险品是否可以空运的判断以及团队合作与纪律情况几个方面进行评价，详细内容如表 3-2 所示。

表 3-2 《认识各类危险品的存储和运输》工作任务评价表

班级		姓名			得分
评价内容	分值	评定等级			
		A（权重 1.0）	B（权重 0.8）	C（权重 0.6）	
学习态度	10	学习态度认真，方法多样，积极主动	学习态度较好，能按时完成学习任务	学习态度有待加强，被动学习，延时完成学习任务	
查阅资料	10	查阅资料方法多样，资料内容丰富，整理有序、合理	查阅资料方法较单一，内容基本能满足要求	没有掌握查阅资料的基本方法，资料准备不足	
PPT 制作与汇报	20	PPT 制作精美、内容翔实、图文兼备；汇报人精神面貌好，思路清晰有条理	PPT 制作完整、内容不够丰富；汇报人能顺利讲完 PPT	PPT 制作缺乏思路，有的内容缺失，有的内容重复；汇报人词不达意	
阐述危险品的存储要求	30	危险品的存储要求表述完整	危险品的存储要求表述较完整	危险品的存储要求表述不完整	
判断危险品是否可以空运	30	危险品是否可以空运判断正确，危险品的运输要求表述完整	危险品是否可以空运判断正确，危险品的运输要求表述不完整	危险品是否可以空运判断错误，危险品的运输要求表述不完整	
总计得分					

任务三 防火防爆

任务资讯

火是人类从野蛮进入文明的重要标志，当火可控制时，它能给人类带来光明和温暖，促进人类物质文明不断发展；当它不被控制时，可形成火灾，严重时可发展成爆炸事故，对人类生命财产和生态环境构成严重威胁。

危险化学品在生产使用、储存、运输、检维修、废弃处理过程中存在着火灾、爆炸事故的潜在危险因素。当出现受热、潮湿、遇水、摩擦、撞击等就可能发生爆炸、火灾事故。危险化学品事故往往是在没有先兆的情况下突然发生的，而不需要一段时间的酝酿。因此，掌握火灾、爆炸发生的原因，对做好危险化学品安全管理工作，具有十分重要的意义。

一、燃烧原理

燃烧通常是指可燃物与氧化剂作用发生的剧烈的化学反应，通常伴有发光、放热等现象。因此，放热、发光和氧化反应这 3 个因素须同时并存，才能判断为燃烧。例如，白炽灯泡有放热发光现象，但没有发生氧化反应，是一种物理现象；金属生锈是一种氧化反应，但没有放热、发光现象；生石灰遇水反应是一个放热过程，但不发光也不是氧化反应，所以这些都不是燃烧。

“燃烧”包括各种类型的氧化反应或类似于氧化的反应以及分解放热反应等。从燃烧的定义而言，物质不一定在“氧气”中燃烧，如很多金属可在氟气或氯气中燃烧，例如，镁能在 CO_2 和 N_2 中燃烧，钠能在氯气中燃烧，这是因为氮气和氯气具有氧化性。因此燃烧过程主要是指放出热量的化学过程，它既是我们取得能量的一种普遍的重要方法，也是火灾爆炸过程的重要形式。

（一）燃烧的条件

1. 燃烧的必要条件

燃烧过程的发生和发展，必须具备以下 3 个必要条件，即可燃物、助燃物和点火源。只有这 3 个条件同时具备，才可能发生燃烧现象，无论缺少哪一个条件，燃烧都不能发生，上述 3 个条件称为燃烧的三要素。

（1）可燃物。凡是能与空气中的氧气或其他氧化剂起燃烧发生化学反应的物质均称为可燃物。它可分为气态、液态和固态 3 类。可燃物大多为低氧化值状态的具有还原性的物质，如木材、乙醇、甲烷、汽油、活泼金属钾、钠等。

（2）助燃物（氧化剂）。支持可燃物燃烧的物质，即能与可燃物发生氧化反应的物质称为氧化剂。燃烧过程中的氧化剂主要是空气中游离的氧气；另外，氟与氯的单质、硝酸，硝酸盐和一些元素高价含氧酸及其盐如氯酸钾、高锰酸钾等都可作为燃烧反应的氧化剂。发生火灾时空气是主要的助燃物。

（3）点火源。供给可燃物与氧或助燃剂发生燃烧反应的能量来源。最常见的是热能（高温），此外还有化学能、机械能、光能、电能等。

2. 燃烧的充分条件

可燃物、助燃剂和点火源这3个条件同时存在时，还需要具有一定“量”的前提，也就是燃烧过程需要一定可燃物及助燃物的浓度，且相互之间产生作用，就可发生燃烧现象，这是燃烧过程所需的充分条件。如氢气在空气中的体积占比少于4%时，便不能被点燃。一般可燃物质在含氧量低于14%的空气中也不能燃烧。对于已经进行的燃烧反应，若消除其中任何一个条件，燃烧过程便会终止，这就是灭火的基本原理。

（二）燃烧的过程

对不同的可燃物，其燃烧的过程也不相同。大多数可燃物质的燃烧放热反应是在可燃物的蒸气相或气态下进行的。

可燃气体是最易燃烧的物质，只要达到其本身氧化分解所需要的热量，便能燃烧，其燃烧反应速度很快，极易发展成爆炸形式。可燃气体的燃烧都属于链式反应，只要将少量分子转化为自由基就能使燃烧反应持续，因此所需要的引燃能极小，通常不到1mJ，极小的火花（如静电、金属的撞击等产生的火花）就可引发此链式反应，导致火灾爆炸的发生。

液体可燃物在火源的作用下首先发生蒸发，然后其蒸气再发生氧化分解，进入燃烧过程，放出大量的热量。

固体燃烧物分为简单物质和复杂物质。简单物质，如单质硫、磷等，受热后首先熔化，然后蒸发、氧化燃烧。复杂物质在受热时先发生分解反应，生成气态和液态产物，然后气态产物或液态产物的蒸气着火燃烧。如木材受热后，在温度低于110℃时，分解释放出水分；当温度达到130～150℃以上时，木材分解变色；在150～200℃时，其分解产物主要是水和二氧化碳，这些气态分解产物都不属于可燃物质，所以此时不会发生燃烧反应；温度升至200℃以上时，释放出一氧化碳、氢气和碳氢化合物，此时的分解产物遇氧气时即发生氧化开始燃烧；当温度升到300℃以上时，分解反应明显加快，气态可燃性产物供应充足，燃烧也转入剧烈状态。

（三）燃烧的形式

1. 按着火方式分

按着火方式，燃烧可分为强制着火（点燃）和自发着火（自燃）2类。

强制着火是由外部能量（点火源）与可燃物直接接触（一般是局部或点接触）引起的燃烧。自发着火分为受热自燃和自热自燃两种情况。

2. 按燃烧时可燃物的状态分

按燃烧时可燃物的状态来分，物质燃烧又可分为气相燃烧、液相燃烧和固相燃烧3类。

气相燃烧：燃烧反应在进行时，如果可燃物和氧化剂均为气相，称为气相燃烧。气相燃烧属均相燃烧，其特征是有火焰产生。气相燃烧是一种最基本的燃烧形式，大多数可燃物的燃烧反应都属于气相燃烧。

液相燃烧：燃烧时可燃物呈液态，称为液相燃烧。只有少数沸点较高的液体的燃烧是在高温下以液体状态直接发生燃烧反应的。

固相燃烧：燃烧时可燃物为固相，称为固相燃烧。固相燃烧的特点是没有火焰，只产生光和热（阴燃）。许多金属的燃烧反应也属于固相燃烧。

（四）燃烧种类和特征参数

1. 闪燃及闪点

可燃液体表面的蒸气与空气形成的混合气体达到该可燃气体的燃烧极限浓度的下限时，与火源接近时会发生瞬间燃烧，能产生一闪即灭的燃烧现象（瞬间火苗或闪光），这种现象称为闪燃。由于闪燃是瞬间发生的，又因此时可燃液体的温度较低，挥发速率慢，来不及补充燃烧所消耗的可燃蒸气，随着可燃蒸气的浓度下降至燃烧极限以下，火焰自然熄灭，因此不能产生持续的燃烧条件。能产生闪燃现象的最低温度为闪点。

按液体闪点划分其危险性的分级如表 3-3 中所列。

表 3-3　按液体闪点划分危险性的分级表

种类	危险级别	闪点 /℃	举例
易燃液体	Ⅰ	$t \leqslant 28$	汽油、甲醇、乙醇、乙醚、苯、甲苯、丙酮等
	Ⅱ	$28<t \leqslant 45$	煤油、丁醇等
可燃液体	Ⅲ	$45<t \leqslant 120$	柴油、重油等
	Ⅳ	$t>120$	植物油、矿物油、甘油等

2. 点燃及燃点

点燃亦称为强制着火，即可燃物质与明火直接接触引起燃烧的现象。可燃物质在空气充足的条件下，被加热升温至一定温度，此时可燃物发生分解产生可燃气体。只要这些可燃气体达到该气体的燃烧爆炸极限的下限以上与火源接触即可着火，如此时移去火源后仍能持续燃烧达 5min 以上，这种现象称为点燃。通常物质被点燃时，先是局部被强烈加热，首先达到引燃温度产生火焰，该局部燃烧产生的热量，足以把邻近部分加热到引燃温度，燃烧就得以蔓延。物质能被点燃的最低温度称为着火点或燃点。可燃液体的着火点一般高于其闪点 5 ～ 10℃。但闪点在 100℃以下时两者往往相近。如没有闪点数据时，也可以用着火点表征物质的火灾爆炸危险程度。如表 3-4 中所列，是一些可燃物质的燃点。

表 3-4　可燃物质的燃点

可燃物名称	燃点 /℃	可燃物名称	燃点 /℃
橡胶	120	豆油	220
蜡烛	190	纸张	130 ～ 230
布匹	200	棉花	210 ～ 255
松香	216		

3. 自燃及自燃点

自燃是可燃物质自发着火的现象。可燃物在无外界火源作用的条件下，由于物质内部的物理、化学、生物反应过程所提供的能量经过一定的积聚条件，使物质本身温度升高，达到燃烧温度而引起自行燃烧的现象称自燃。自燃所需的最低温度称为自燃点。自燃过程中点火能是物质所具有的内能，也就是物质的温度条件。在自燃点，可燃物所分解产生的可燃气体的浓度显然超过了该气体的燃烧极限的下限。

自燃点是衡量可燃性物质火灾危险性的又一个重要参数，可燃物的自燃点越低，越易引起自燃，其火灾危险性越大。

自燃着火一般需要相当长的发展时间。易自燃着火的物质包括铝、镁等活泼金属粉尘，硝化棉、油污染棉纱、煤堆以及存有大量面粉的粮食仓库等。夏季高温高湿情况下，粉尘在散热不利且堆积层较厚、通风不良时，更易引起热积聚，发生自燃着火。

自燃分为受热自燃和自热自燃。前者所需的热量由外界而来，如火焰隔锅加热引起锅内油的自燃；后者所需的热量由自身反应而得，如白磷露置于空气中发生氧化作用产生热量，从而引起自燃。如表 3-5 中所列是一些可燃物质的自燃点。

表 3-5　可燃物质的自燃点

可燃物名称	自燃点 /℃	可燃物名称	自燃点 /℃
乙醇	423	煤油	240 ～ 290
乙醚	160	柴油	350 ～ 380
丁烷	405	桐油	410
汽油	530 ～ 685	棉花	407

二、爆炸原理

（一）爆炸的特征

爆炸是指可燃物在有限的空间内急剧地燃烧，就会在短时间内聚集大量的热，使气体的体积迅速膨胀而起的现象。由于爆炸是在瞬间进行，并放出巨大的能量，能使周围环境温度急剧升高，产生大量气体，体积迅速膨胀，产生高压气浪并形成冲击波，摧毁环境，引起可燃物燃烧，因此爆炸能够对外做功，具有很大的破坏作用。

爆炸极限是指气态可燃物进入空气中，与空气混合后只有在一定的浓度下，遇点火源时才会发生爆炸。这种可燃气体在空气中形成爆炸混合物的最低浓度称为爆炸下限，最高浓度称为爆炸上限。可燃物浓度在爆炸上限与爆炸下限之间遇点火源时均可发生爆炸，这个浓度范围称为该物质的爆炸极限。可燃气体、可燃蒸气或粉尘与空气的混合物，都具有一定的爆炸极限。爆炸极限通常用可燃物在空气中的体积百分数（%）来表示。

当可燃物的浓度低于爆炸下限或高于爆炸上限时，即使有点火源，可燃物也不发生燃烧和爆炸；当可燃物的浓度稍高于爆炸下限或稍低于爆炸上限时，遇点火源能轻度爆炸；可燃气体与空气的混合物的浓度在爆炸极限的中部时，遇点火源将会发生剧烈的爆炸反应。

一般来说，爆炸现象具有以下的特征：

① 爆炸过程的反应及传播速度很快；

② 爆炸点附近的压强急剧升高，多数爆炸伴有温度升高的现象；

③ 爆炸反应时，会发出或大或小的响声；

④ 周围介质发生震动或邻近的物质遭到破坏。

（二）爆炸的分类

关于爆炸的分类方法有如下几种。

1. 按爆炸反应分类

（1）物理爆炸。物理爆炸是由物理变化引起的爆炸。在爆炸现象发生的过程中，造成爆炸的介质的化学性质及化学成分不发生变化，发生变化的仅仅是该介质的状态参数（如温度、压力、体积等）。典型的物理爆炸，如液体变成蒸气或者气体而迅速膨胀，是指压力急速增加，并大大超过容器的极限承受能力而发生的爆炸，如锅炉爆炸、轮胎爆炸、压缩气瓶爆炸等。

（2）化学爆炸。因物质本身起化学反应，产生大量气体和高温而发生的爆炸称为化学爆炸，如可燃气体、可燃液体蒸气的爆炸，炸药的爆炸，炮弹、爆竹以及爆炸性物品的爆炸等。化学爆炸前后物质的性质和成分均发生了根本的变化，这种爆炸能直接造成火灾，具有很大的火灾危险性。化学爆炸是消防工作中防止爆炸的重点。

（3）核爆炸。因重核裂变或轻核聚变时瞬间产生的巨大能量而发生的爆炸称为核爆炸，如原子弹或核装置的爆炸等。

爆炸的最主要特征是压力（实际上是压强）的急剧上升并作用于其他物体，并不一定着火（伴有发光、放热）；而燃烧过程一定有着火现象，并伴随着热量放出。

化学爆炸（其中大多数是氧化反应），与燃烧现象本质上都属于氧化反应，也同样有温度与压力的升高现象。但二者的反应速率、放热速度不同，火焰传播速度也不相同，爆炸反应的速度要大得多。

2. 按爆炸速率来分类

（1）轻爆。燃烧速率为每秒数十厘米至数米。

（2）爆炸。燃烧速率为每秒十几米至数百米。

（3）爆轰。燃烧速率为 1000 ～ 10000m/s。

（三）爆炸的破坏作用

爆炸往往会造成很大的破坏，影响正常的生产生活秩序，具体表现在以下几个方面。

1. 冲击波

爆炸形成的高温、高压、高能量的气体产物，以极高的速度向周围膨胀，强烈压缩周围静止的空气，使其压力、密度和温度突跃升高，像活塞运动一样推向前进，产生波状气压向四周扩散冲击。这种冲击波能造成附近建筑物的破坏，其破坏程度与冲击波的能量大小有关，与建筑物的坚固程度及其与产生冲击波的中心距离也有关。

2. 碎片冲击

爆炸的机械破坏效应会使容器、设备、装置等材料的碎片在相当大的范围内飞散而造成伤害。碎片的四处飞散距离一般可达 100 ～ 500m。

3. 震荡作用

爆炸发生时，特别是较猛烈的爆炸往往会引起短暂的地震波，在爆炸波及的范围内，这种地震波会造成建筑物的震荡、开裂、松散、倒塌等危害。

4. 造成二次事故

发生爆炸时，若周围存放有可燃物质，往往会造成火灾。粉尘作业场所轻微的爆炸冲击波会使积存于地面上的粉尘扬起造成更大范围的二次爆炸。

5. 爆炸毒气

炸药一般是含有碳、氢、氧、氮原子等不同成分的化合物，理想的爆炸反应是：碳氧化成为二氧化碳，氮还原成为单体氮。但是实际化学反应并非如此简单，而是产生一定数量的一氧化碳和氮氧化合物，这就是主要的爆炸毒气。

（1）一氧化碳。一氧化碳是一种剧毒气体，当空气中的一氧化碳浓度为 0.4% 时，在很短时间内便可以使人失去知觉，抢救不及时就会中毒死亡。日常生活中所说的“煤气中毒”就是指一氧化碳中毒。

（2）氮氧化合物。爆炸后气体中的氮氧化合物被称为硝气。它的主要成分是一氧化氮和二氧化氮。二氧化氮产生的场合几乎总是会伴随有一氧化氮，而且一氧化氮占大部分。

一氧化氮容易和血液中的血色素结合，它的结合力约为一氧化碳的1000倍、二氧化氮的3倍。一氧化氮和血色素结合后会在血液中被氧化而形成氮氧血红蛋白（或高铁血红蛋白），这种血红蛋白如果增加，会致血液中缺乏氧，中枢神经系统就会出现症状。

氮氧化合物在高浓度情况下，对人的眼睛和呼吸器官刺激性很强，导致咳嗽及咽喉疼痛，引起头晕、头痛及呕吐症状。氮氧化合物中都有较长的潜伏期。中毒初期感觉不明显，一般经过4～12小时甚至24小时后才出现中毒症状，因此危险性很大，必须特别注意。

（3）二氧化硫。二氧化硫与水蒸气接触生成硫酸，对呼吸器官有腐蚀作用，使咽喉和支气管发炎，呼吸麻痹，严重时会引起水肿。

（4）硫化氢。硫化氢有很强的毒性，能使血液中毒，对眼角膜和呼吸道有强烈刺激作用。当空气中硫化氢的浓度达到0.01%时，就能嗅到气味，并产生流泪、流鼻涕等身体反应；达到0.05%时，经过0.5～1小时，出现严重中毒症状；达到0.1%时，中毒者在短时间内就有生命危险。

危险品爆炸产生的有毒有害气体扩散会严重污染环境，所以要掌握爆炸原理，将爆炸的破坏程度降到最低。

三、火灾及其分类分级

火灾是由失去控制的燃烧所引发的灾害现象，而爆炸则是火焰快速传播的极端情况。随着科学的发展，人类面临的火灾、爆炸现象更加复杂和多样化。材料科学的发展，使可燃物的种类大大增多；各种能源形式电子产品的使用，使得导致火灾爆炸的因素更为复杂、多样和隐蔽；建筑、交通和航天的发展，使火灾爆炸环境大为复杂。为减少火灾爆炸损失，深刻认识这些复杂的火灾现象的基本规律，才能开展有效的火灾防治工作，减少火灾、爆炸的潜在破坏性。

1. 火灾的分类

火灾是指在时间或空间上失去控制的燃烧所造成的灾害。大多数情况下，火灾是一种社会现象。发生火灾的主要原因可归纳为3个方面：一是人的不安全行为（含纵火）；二是物的不安全状态；三是工艺技术的缺陷。人的不安全行为是最主要的因素。依据物质燃烧特性，火灾可划分为A、B、C、D、E、F六类。

A类火灾：是指固体物质火灾，如木材、棉、毛、麻、纸张。

B类火灾：是指液体火灾和可熔化的固体物质火灾，如汽油、甲醇、沥青。

C类火灾：是指气体火灾，如煤气、天然气、甲烷、乙烷。

D类火灾：是指金属火灾，如钾、钠、镁、钛等。

E类火灾：带电火灾。

F类火灾：烹饪器具内的烹饪物（如动、植物油脂）火灾。

2. 火灾的分级

根据2007年6月26日公安部下发的《公安部办公厅关于调整火灾等级标准的通知》，新的火灾等级标准由原来的特大火灾、重大火灾、一般火灾三个等级调整为特别重大火灾、重大火灾、较大火灾和一般火灾四个等级。

特别重大火灾，指造成 30 人以上死亡，或者 100 人以上重伤，或者 1 亿元以上直接财产损失的火灾。

重大火灾，指造成 10 人以上 30 人以下死亡，或者 50 人以上 100 人以下重伤，或者 5000 万元以上 1 亿元以下直接财产损失的火灾。

较大火灾，指造成 3 人以上 10 人以下死亡，或者 10 人以上 50 人以下重伤，或者 1000 万元以上 5000 万元以下直接财产损失的火灾。

一般火灾，指造成 3 人以下死亡，或者 10 人以下重伤，或者 1000 万元以下直接财产损失的火灾。

四、火灾爆炸事故特点

火灾和爆炸互为因果。

火灾可以引起爆炸，例如在油库或者危险品库房火灾时发生爆炸。爆炸可以引起火灾，例如可燃液化气瓶爆炸时抛出可燃物引起火灾。

火灾和爆炸发生又各有各的特点。例如火灾发生时，起火后火焰向四周和上方蔓延，随时间的延长，火势很快增大。爆炸蔓延的速度就更快，着火范围急剧扩大。火灾在扑救之后，火势受到控制，随后熄灭，而爆炸是猝不及防、突然发生的，瞬间就会结束。房屋倒塌、设备损毁、人身伤亡也迅雷不及掩耳地在短时间内发生。

五、防火防爆的方法

针对燃烧、化学性爆炸的 3 个必要条件，即可燃物质、助燃物质、点火源，须防止三者同时存在；防止可燃物质、助燃物质混合形成的爆炸性混合物与点火源同时存在。一旦发生火灾、爆炸事故，应切断火灾、爆炸的传播途径和及时泄压，防止事故蔓延和减少爆炸压力、冲击波对人员、设备和建筑物的损害。

1. 清除危险火源

能够引起燃烧爆炸的火源，有人为的火源、自然的雷电、机械的碰撞摩擦、化学反应的放热、电器的火花、日光的聚焦等，必须根据具体情况一一消除。能够成为危险火源的包括以下几项。

（1）明火。明火是指敞开的火焰、火星和灼热的物体等。敞开的火焰有较高的温度和热量，往往是引起火灾的重要火源，因而在一切具有火灾和爆炸危险的地方都必须严禁烟火。照明不得用明火，要用封闭式电气照明，热源不得应用水蒸气或密闭电器；若用气焊、点焊、喷灯等明火进行修理、安装工艺，必须事先进行严格检查，按照动火制度慎重从事。

（2）摩擦和冲击。急剧的摩擦（例如钢制轴承的摩擦）会发热，甚至产生火花；钢铁零件互相撞击或与石块撞击会产生火花；钢制容器突然开裂也会产生火花。这些热量和火花，都可能引燃易燃物。因此，在有易燃物的场所，机器的转动部分应有良好的润滑或还用铜制轴瓦；各种钢制工具表面镀铜或用有色金属制造，通道上铺橡胶，禁止穿有带铁钉的靴子的人进入。

（3）电火花。电路开启或切断、电路保险丝熔断、电路发生短路时，均会产生电火花。这种电火花往往是引起着火爆炸的一个主要火源。此外，外露、灼热的电炉丝或超负荷的电力线路，也有可能引起火灾。因此，凡有易燃易爆危险物的场所，电力设备和照明装置的使用必须遵守电气安全规程。

（4）静电放电。静电放电现象是电介质互相摩擦或电介质与金属摩擦而产生的。静电电压达到 300V 时，放电的电火花可使汽油蒸气着火。在大气干燥的时候，最容易发生静电放电。常常产生静电的地方包括：运行中的传动带、沿着导管方向流动的液体和气体、被粉碎的固体电介质或喷成雾状的液体。

大部分可燃、易燃液体或粉尘可燃物是电介质，所以静电放电产生的火花，常是化学工业和石油工业发生火灾、爆炸的一个重要源头。

防止由静电放电引起燃爆的基本措施是为有关设备、导管、容器安装上可靠的接地装置；同时，增大厂房内或设备内空气的湿度，相对湿度的增加能够有效防止静电的积累。

（5）雷电。夏天天气炎热，同时伴随着雷电、暴雨等极端天气，给安全生产工作带来极大威胁，加上人的不安全行为和精神状态差两种不安全因素，容易引发各种安全事故。据统计，夏季是安全事故多发期，约占全年事故发生率 40% 以上。所以安全工作者也要打起百分百的精神做好安全生产监督及安全隐患排查工作。

云层急剧运动摩擦而产生的静电，电压极高，极易引燃爆炸物品、易燃液体、易燃气体及爆炸混合物。因此，制造或储存上述易燃易爆物品的厂房和仓库，都要安装避雷设备。

避雷器主要部件是受电器（一般都是棒状避雷针）、引下线和接地体。接地体电阻不应超过 10 欧姆。安装时，要求将保护对象的各个部分都置于避雷器的保护范围之内。防感应雷电的接地装置应该是连续的环形电路，安装在厂房四周，并和接地装置相连。

（6）化学能。某些物品发生化学反应时放出的热能也可以引起燃烧、爆炸。例如，石灰与水反应，可以使温度升到 600℃，钾或电石与水反应不仅放出热能，而且产生可燃气体。

（7）聚焦的日光。直射的日光若通过凸透镜、烧瓶（特别是圆瓶）或含有气泡的玻璃窗时，会被聚焦，达到很高的温度，可以引起可燃物着火。未聚焦的日光，由于其热源较大，经过一定时间也会引起灾害。例如，硝化纤维在日光下暴晒，自燃点会降低，并能自行燃烧起火；储存低沸点易燃液体的铁桶，在烈日下暴晒，也会产生炸裂。因此，这类物品应严禁暴晒，生产、储存这类物品的车间或仓库，为避日光照射，应将窗玻璃涂上白漆。

2. 仪表监测

对于火灾的监测，是利用火灾发生前的酝酿期和最初发展期已陆续出现的火灾信息，如有臭气、烟雾、火花、热流、辐射热等，凭借监测仪表对这些现象的敏感性，迅速报警，或者与灭火装置组成自动灭火系统。火灾监测仪表有感温、感烟、感光和感气等多种形式。

例如感温监测器，是用易熔合金密封监测器的喷口。易熔合金的熔点控制在 70 ～ 72℃。当监测器下方发生火灾，温度升高到熔点时，封口自动熔化，喷口后方供水系统或其他灭火剂就迅速动作。供水系统中水的流动，还会推动水涡轮而发出报警信号。又如离子式感烟报警器，中心控制使用线路同各个防火探测点设置的探测器相连，一旦发生火灾，即发出报警信号。还有紫外光敏报警器，也是采用类似原埋报警。

六、危险品的防火防爆要求

化学物品种类繁多，具有各自的物理化学特性，有不少化学物品在受热、摩擦、震动、撞击、接触火源、日光暴晒、遇水受潮、温度变化和接触与其性能有抵触的物品混在一起等外来因素影响下，会引起燃烧、爆炸。这些化学物品一般包括可燃物质如易燃气体、易燃可燃液体、易燃可燃固体、自燃物品、遇湿易燃物品、可燃和助燃气体、氧化剂等。对于这些化学物品的防火防爆措施整理如下。我们将化学物品按以下 3 类划分说明。

1. 气态危险化学品的防火防爆

气态危险化学品的火灾爆炸危险主要来自那些在常温下以气态存在的易燃气体。如氧气、乙炔气、石油液化气、城市煤气等。

（1）控制热源（着火源）。易燃气体能直接参与燃烧，所以控制热源（着火源）是预防易燃气体着火爆炸的最基本措施。在生产、使用、储存可燃气体的场所，除生产必须用火外，还要严禁火种。

（2）泄漏检查。在生产、使用、储存易燃气体的大、中型场所，应配置可燃气体监控式检漏报警装置。当易燃气体在空气中的浓度超过该气体爆炸下限浓度的25%时，就能自动报警。同时，还应配备便携式检漏报警器，以便用于巡视监测。

许多易燃气体都是无色无气味的，为了增加检查泄漏的机会，通常对一些使用较广泛的燃料气体进行“加臭”。例如，在一般燃料气体、天然气和液化石油气中添加微量的有机硫化物，稍有泄漏就能闻到刺鼻的气味。

气瓶的安全管理与措施包括：

仓库应阴凉通风，有降温措施，远离热源、火种、日光暴晒；

库内使用防爆型电气设备；库房周围不得堆放可燃材料；采用不发火地面；

加强入库验收，定期检测气瓶；

性质互相抵触的气瓶应分库储存；直立放置或卧放时应固定；

不得用电磁起重机搬运；装卸工具和工作服不得有油污；

安全帽和防震圈齐全。

2. 液态危险化学品的防火防爆

液态危险化学品的火灾爆炸危险主要来自易燃液体，这类物质大都是有机化合物。其中有很多是属于石油化工产品，常温下极易着火燃烧。

使用、储存易燃液体的仓库应为一、二级耐火建筑，要求通风良好，周围严禁烟火，远离火种、热源、氧化剂及酸类等。夏季应采取隔热降温措施，对于低沸点的乙醚、二硫化碳、石油醚采取降温冷藏措施。

使用、储存易燃液体的场所，应根据有关规程标准来选用防爆电气设备。

易燃液体在灌装时，容器内应留有5%以上的空隙，不可灌满，以防止易燃液体受热膨胀而发生燃烧或爆炸事故。

不得与其他危险化学品混放。

绝大多数易燃液体的蒸气具有一定的毒性，会从呼吸道侵入人体而造成危害。应特别注意易燃液体的包装是否完好。

3. 固态危险化学品的防火防爆

固态危险化学品（不包括已列入爆炸品的物质）通常定义为：受热、摩擦、冲击或与氧化剂接触能发生剧烈化学反应，能引起燃烧，其粉尘具有爆炸性的固态化学品。按其燃烧条件不同，分为易燃固体、自燃物品、遇湿易燃物品。此外，在氧化剂和有机过氧化物的分类中，大部分货物都属于固态的危险化学品。

易燃固体禁火忌热。在装卸、搬运、加工等操作过程中，要轻拿轻放，防止摩擦、撞击、翻滚、拖拉，以免引起火灾。储存库房要阴凉、通风、干燥，有隔热防潮设施，防止日晒和隔绝火种，并不得与酸类、氧化剂、助燃物、爆炸品等直接接触。

自燃物品储存处应通风、阴凉、干燥、远离明火及热源，防止阳光直射。忌水的三异丁基铝等包装必须严密，不得受潮。运输时应按各类品种的性质区别对待。铁桶包装的一级自燃物品（黄磷除外）与铁器部位及每层之间应用木板凳衬垫牢固，防止摩擦移动。

遇湿易燃物品的储存必须与水及潮气等可靠隔离，由于锂、钠、钾、铷、铯和钠钾合金等金属不与煤油、汽油、石蜡等作用，所以，可把这些金属浸没于矿物油或液体石蜡矿物油中严密储存。采取这种措施就能使这些遇湿易燃物品与空气和水蒸气隔离，避免变质和发生火灾危险。如发现容器有鼓包等可疑现象，应及时妥善处理。

在氧化剂和有机过氧化物的分类中，不得与其他性质抵触的物品共同储存；不同品种的氧化剂应分垛存放。严禁混入有机可燃物。包装完好、密封，不得撒漏，以免危险。如包装破损，应立即采取措施，漏出部分须彻底扫除。储运过程中应避免摩擦、撞击，可参照爆炸物品。在一般情况下，一级无机氧化剂不得与有机氧化剂配装，亚硝酸盐类、亚氯酸盐类与次亚氯酸盐不得与其他无机氧化剂配装。

防火防爆措施请扫描 M3-2 查看。

危险品燃烧、爆炸会造成人民群众生命和财产损失，切实做好防火防爆措施，预防火灾或爆炸的发生。

M3-2 防火防爆措施

工作任务

熟悉防火防爆安全技术措施

任务准备

以 4 ～ 6 人的小组为单位，复习防火防爆措施相关内容，并根据查阅的资料把下列内容做成 PPT 的形式。

任务实施

1. 查阅文献，制作 PPT

查找机场火灾爆炸事故的案例，将获取的资料进行整理与总结，以小组为单位制作 PPT。

2. 判断火灾的种类

首先判断火灾的种类，其次判断火灾事故的等级。

3. 制定防火防爆措施

制定防火防爆措施，将书本的内容形成初步认识，熟悉防火防爆措施等相关内容并讨论。

任务评价

任务评价主要从同学们的资料准备情况、PPT 制作与汇报情况、对火灾种类的判断、防火防爆措施的制定以及团队合作与纪律情况几个方面进行评价，详细内容如表 3-6 所示。

表 3-6 《熟悉防火防爆安全技术措施》工作任务评价表

班级		姓名			得分
评价内容	分值	评定等级			
		A（权重 1.0）	B（权重 0.8）	C（权重 0.6）	
学习态度	10	学习态度认真，方法多样，积极主动	学习态度较好，能按时完成学习任务	学习态度有待加强，被动学习，延时完成学习任务	
查阅资料	10	查阅资料方法多样，资料内容丰富，整理有序、合理	查阅资料方法较单一，内容基本能满足要求	没有掌握查阅资料的基本方法，资料准备不足	
PPT 制作与汇报	20	PPT 制作精美、内容翔实、图文兼备；汇报人精神面貌好，思路清晰有条理	PPT 制作完整、内容不够丰富；汇报人能顺利讲完 PPT	PPT 制作缺乏思路，有的内容缺失；有的内容重复；汇报人词不达意	
判断火灾的种类	30	火灾的种类判断正确，火灾事故的等级判断正确	火灾的种类判断正确，火灾事故的等级判断错误	火灾的种类判断错误，火灾事故的等级判断错误	
制定防火防爆措施	30	防火防爆措施制定全面	防火防爆措施制定较全面	防火防爆措施制定不全面	
总计得分					

任务四 选择灭火剂

任务资讯

火灾科学研究的最终目的是为火灾防治提供科学依据，“防”和“治”是目前减少火灾损失的两种基本途径。防治分为主动和被动两种方式，前者包括探测、报警、疏散和灭火等；后者包括阻燃和防火等。火灾探测和报警系统是“防”的重要组成部分。灭火是“治”的主体，灭火剂大多由化学物质按一定配比制备而成，需根据燃烧物类型选择不同的灭火剂。

灭火剂是指能够有效地破坏燃烧条件，使燃烧终止的物质。绝大多数灭火剂灭火时，都会发生化学或物理反应。

灭火剂灭火的方法主要是通过吸热反应以防止或降低升温速率，隔离以阻止可燃物与氧气反应，包覆可燃物以阻挡可燃气体挥发，产生自由基以终止燃烧链反应等。

一、灭火的方法

1. 隔离灭火法

这是常用的灭火方法之一，将燃烧物质与附近未燃的可燃物质隔离或疏散，使燃烧过程因缺少可燃物质而停止。这种灭火方法适用于扑救各种固体、液体和气体火灾。

2. 窒息灭火法

该方法的原理是阻止外界空气流入燃烧区，或用惰性气体稀释空气，减少空气中的氧含量，使燃烧物质因得不到足够的氧气而熄灭。常用的二氧化碳灭火剂的主要作用就是窒息灭火。但火药类，即自身能发生氧化还原反应的活性物质不能使用此方法灭火，如硝酸铵火灾。

3. 冷却灭火法

该方法的原理是将灭火剂直接喷洒在燃烧的物体上，将可燃物质的温度降低到燃点以下，以终止燃烧。同时也可用灭火剂喷洒在火场附近的可燃物上起冷却作用，防止其受辐射热升温达到燃点而着火燃烧。火灾消防中喷洒药水的主要原理就是起冷却降温作用。

4. 化学抑制灭火法

上述几种方法在灭火过程中，灭火剂并不参与燃烧反应，属于物理灭火方法。而化学抑制灭火法则是使灭火剂参与到燃烧反应中去，起到抑制燃烧反应的作用。在这个过程中，灭火剂在火场中产生了一定的自由基，这些自由基与燃烧链反应过程中的自由基结合，形成稳定的分子或低活性的自由基，从而切断了燃烧过程中氢、氧自由基的连锁反应，使燃烧停止。

具有上述 4 种方法效能的具体灭火措施是多种多样的。在灭火中，应根据可燃物的性质、燃烧特点、火灾大小、火场周边环境等具体条件以及消防技术装备的性能等情况，选择一种或几种办法。一般来说，综合运用多种灭火方法的效果较好。无论哪种灭火方法，初期火灾的扑救十分重要。一般火灾初起时，过火面积小，火势不太猛烈，比较容易扑灭，可实现火灾的快速扑救。

随着时间的流逝，火势将可能迅速蔓延，从而使扑救时机被贻误，损失可能重大。

二、灭火剂的分类及其选择

几种常用的灭火剂及其灭火原理如表 3-7 所示。

表 3-7　灭火剂及其灭火原理

灭火剂	灭火原理	灭火剂	灭火原理
水（包括含添加剂的水）	吸热降温	惰性气体灭火剂	隔离
泡沫灭火剂	吸热膨胀、成炭隔离、空气隔绝	卤代烷灭火剂（哈龙灭火剂）	抑制燃烧链、隔离
干粉灭火剂	冷却、隔离和化学抑制作用		

火灾发生初期，火势较小，如能正确使用好灭火器材，就能将火灾消灭在初期阶段，不至于使小火酿成大灾，避免重大损失。通常用于扑灭初期火灾的灭火器，类型较多，使用时必须针对火灾燃烧物质的性质；否则会适得其反，有时不但灭不了火，而且还会发生爆炸。由于各种灭火器材内装的灭火药剂对不同火灾的灭火效果不尽相同，所以必须熟练地掌握灭火器在扑灭不同火灾时的作用。针对火灾的不同类型，对它们的扑灭方式也不相同。所以应根据燃烧对象的不同，采用相对应的灭火器材。各类火灾所对应的灭火剂的种类如表 3-8 所示。

表 3-8　火灾类型与其对应的灭火剂

火灾类型	灭火剂	火灾类型	灭火剂
A 类	水、干粉、泡沫、哈龙灭火剂等	D 类	特殊干粉、膨胀石墨、沙、土等
B 类	ABC 干粉、BC 干粉、CO_2、泡沫、哈龙灭火剂等	E 类	干粉、CO_2、哈龙灭火剂等
C 类	ABC 干粉、BC 干粉、CO_2、哈龙灭火剂等		

精密仪器和贵重设备场所，灭火剂的残渍会损坏设备，忌用水和干粉灭火剂，应选用气体灭火器。

贵重书籍和档案资料场所，为了避免水渍损失，忌用水灭火，应选用干粉灭火器或气体灭火器。

电气设备场所，热胀冷缩可能引起设备破裂，忌用水灭火，应选用绝缘性能较好的气体灭火器或干粉灭火器。

高温设备场所，热胀冷缩可能引起设备破裂，忌用水灭火，应选用干粉灭火器或气体灭火器。

化学危险物品场所，有些灭火剂可能与某些化学物品起化学反应，有导致火灾扩大的可能，应选用与化学物品不起化学反应的灭火器。

可燃气体场所，有可能出现气体泄漏火灾，应选用扑灭可燃气体、灭火效果较好的水进行灭火。

三、常用的灭火剂

1. 水

水是使用最广泛的良好灭火剂之一，但应当注意，水不可用于扑救具有下列性质的物品所引发的火灾。

① 遇水反应产生易燃、助燃或剧毒气体的物质。如钾、钠等活泼金属（反应生成具有易燃性的氢气）、过氧化钠等过氧化物（反应生成具有助燃性的氧气）及磷化铝（反应生成具有毒性

的磷化氢气体）等。

② 比水轻而又不能与水混溶的易燃或可燃液体。如油、苯等。这些比水轻的液体将浮在水面上，随水蔓延流散，从而扩大燃烧范围。

③ 质轻、易飞扬的可燃性金属粉及燃烧时能产生特高温度的金属物品。如铝粉、铝铁熔剂（一种熔接剂）等。这些金属粉末会因为受到灭火水柱冲击而飞扬到空中，有形成粉尘爆炸的危险。而且金属燃烧时可达到或超过1000℃的高温，水在如此高的温度下将分解为氢和氧，发生剧烈爆炸。

④ 与水剧烈反应能导致爆沸现象发生的物质。比如浓硫酸与水反应剧烈，可能造成猛烈沸腾飞溅，从而对在场人员造成灼伤危害。

⑤ 未断电的电气设备。因为普通水能导电，在未切断电源时，用水灭火有致人触电的危险。

水虽然是最便宜、最有效的灭火剂之一，但使用不当也会加剧火灾危害。掌握燃烧物品的性质，正确使用灭火剂是灭火的关键。

通常用于灭火的水有3种形态，即直流水、开花水和雾状水，不同状态的水适用的灭火范围不同。

（1）直流水。又称柱状水，是通过水泵加压后，由直流水枪喷射出来的柱状水流。这种水柱有一定压力，射程可达数十米，在灭火中应用最多。但直流水不适用于不溶于水及相对密度小于水的油类物品的火灾，因为这些物品可浮在水面上继续燃烧。此外，对可燃粉末类物品的灭火也不适用，因为水柱的冲击力可引起粉末飞扬，造成粉尘爆炸。

（2）开花水。又称滴状水，是由开花水枪喷出的滴状水流，或是通过直流水枪喷出的水柱不直接对准火源，而是射向建筑物（如墙壁等）通过反溅后得到的滴状水流，或直流水枪朝空中喷出的水柱洒落而得到的滴状水流。开花水由于冲击力小，可用来扑救受冲击易飞扬的物品（如煤粉、锯末或纸张等）的火灾，也可用于黏性较大的液体（如油漆、重油等）的灭火。

（3）雾状水。雾状水是由喷雾水枪喷出的细小水雾，雾状水受热后能很快汽化，从而使燃烧区很快充满不燃的水蒸气，隔绝空气或冲淡空气中氧的浓度，使燃烧缺少氧气而灭火。

雾状水因为未形成连续的水流，因此不导电，可用来扑救未切断电源的电气设备的火灾。

无论哪种形式的水，都不能用于遇湿易燃物品及与水能发生剧烈反应物品的灭火。

2. 沙土

沙土不仅是最便宜、最容易得到的灭火剂，而且它的适用性较广，特别是应用于扑灭初始发生的火灾和控制火灾发展时效果很好。但沙土不能用于有爆炸危险的物品的灭火，压缩气体与液化气体因为也有爆炸性，故用沙灭火也不妥。因为一旦发生爆炸，由爆炸而产生的高速气浪会把土抛射出去，增大爆炸危害，带来更加严重的破坏作用。此外，由于压盖于燃烧物上的沙土散热速度缓慢，为爆炸物品的热分解创造了条件。

还必须注意，遇湿易燃物品及遇湿后有剧烈危险反应的物品，不可用湿的沙土灭火，只能采用干沙土灭火。

3. 二氧化碳

二氧化碳是一种用途广泛的良好灭火剂，因为灭火后不留痕迹，无腐蚀性和不导电，故常用来扑救精密仪器、贵重物品及带电设备的火灾，但二氧化碳不用于扑救下列物质的火灾：

① 锂、钠、钾、钙、镁粉、铝粉等活泼金属及活泼金属粉。因为这些活泼金属在高温环境下能在二氧化碳中继续燃烧。也就是说，二氧化碳对这些金属是不能起到灭火作用的。

② 活泼金属氢化物，如氢化铝和氢化钡等。此类物质在高温时分解生成的活泼金属能在二

氧化碳中继续燃烧，故达不到灭火目的。

4. 干粉灭火剂

干粉灭火剂又叫化学干粉灭火剂，其组成各有不同，大致为占90%以上的灭火基料和占10%的防潮剂、流动促进剂、防止结块剂等各种固态粉末组成的混合物。使用装有干粉灭火剂的灭火器时，干粉借助机身中的高压二氧化碳或氮气的推动而被喷射到燃烧区。

它是一种在消防中得到广泛应用的灭火剂，且主要灌装于灭火器中。除扑救金属火灾的专用干粉化学灭火剂外，干粉灭火剂一般分为BC干粉灭火剂和ABC干粉两大类。如碳酸氢钠干粉、改性钠盐干粉、钾盐干粉、磷酸二氢铵干粉、磷酸氢二铵干粉、磷酸干粉和氨基干粉灭火剂等。干粉灭火剂主要通过在加压气体作用下喷出的粉雾与火焰接触、混合时发生的物理、化学作用灭火，其原理为：一是靠干粉中无机盐的挥发性分解物，与燃烧过程中燃料所产生的自由基或活性基团发生化学抑制和催化作用，使燃烧的链反应中断而灭火；二是靠干粉的粉末落在可燃物表面后，发生化学反应，并在高温作用下形成一层玻璃状覆盖层，从而隔绝氧，进而窒息灭火。另外，干粉灭火剂还有稀释氧和冷却的作用。

干粉灭火器（图3-1）最常用的开启方法为压把法，将灭火器提到距火源适当距离后，先上下颠倒几次，使筒内的干粉松动，然后让喷嘴对准燃烧最猛烈处，拔去保险销，压下压把，灭火剂便会喷出灭火。

干粉灭火器使用和保养注意事项：距离火点5m；先颠倒几次使筒内干粉松动；一经使用或放置满一年必须检修、充压；灭火后应防止复燃；始终保持直立状态；室外使用应占据上风。

图3-1　干粉灭火器

5. 空气泡沫灭火剂

空气泡沫灭火剂是由一定比例的泡沫液（发泡剂、稳定剂及助溶剂组成的混合液）、水和空气经过机械作用相互充分混合而形成的泡沫，所以又有空气机械泡沫之称。

空气泡沫灭火剂有一定的冷却降温作用，但主要是隔绝空气以灭火。其灭火效果与化学泡沫灭火剂相近。

6. 化学泡沫灭火剂

通过化学作用（硫酸铝溶液和碳酸氢钠溶液）产生泡沫的灭火剂，称为化学泡沫灭火剂。它是普遍采用的灭火剂之一，常用于扑救一般物品的火灾。在泡沫灭火剂中含有水分，但由于形成了泡沫，所以相对密度很小，能很好地覆盖在易燃液体的表面，起到隔绝空气的作用，故可用于扑救汽油、煤油、苯等易燃液体的火灾。

对遇湿易燃物品，如三乙基铝、金属钾等，则不得使用化学泡沫灭火剂灭火，否则会因与水发生反应而引起燃烧或爆炸。又因泡沫灭火剂中含有易导电的电解质，因此也不能用化学泡沫灭火剂扑救带电设备的火灾，以免触电。

7. 1211灭火剂

1211灭火剂是一种卤代烷灭火剂，化学名称叫二氟一氯一溴甲烷，分子式为CF_2ClBr，又称BCF。它是低毒、不导电的良好液化气体灭火剂。常温下，二氟一氯一溴甲烷是无色略带甜味的气体，蒸气较重，为空气的5.7倍。除1211灭火剂外，其他卤代烷灭火剂还有三氟一溴甲烷（即1301）、二氟二溴甲烷（即1202）、四氟二溴乙烷（即2402）等。

1211等卤代烷灭火剂常用于扑救易燃液体、精密贵重设备、易燃气体及带电设备的火灾。

因其受高温作用会分解出氟、溴及氢卤酸等物质，故不能用于扑救活泼金属、金属有机化合物、硼烷等物质的火灾。

近年来，随着人们对卤代烷的认识，发现它们具有破坏大气中臭氧层的作用，故1211灭火剂的使用也将逐渐受到限制。

要实现危险化学品储存、运输等各个环节中的安全，防止事故发生，需要在管理和安全技术两个方面同时开展工作，同时也要提高从业人员的素质才能实现安全目标。在这三个方面中，管理是保证，从业人员的素质是基础，安全技术则是关键核心的问题。一切安全工作需要掌握必要的安全技术知识，为防止火灾和爆炸事故打好基础。

工作任务

根据危险品的性质判断所应使用的灭火剂

任务准备

以6人小组为单位，复习灭火措施相关内容，并根据查阅的资料把下列内容做成PPT的形式。

任务实施

1. 查阅文献，制作PPT

查找氢气、汽油、乙炔、红磷、白磷、双氧水、过氧乙酸的危险性质，将获取的资料进行整理与总结，以小组为单位制作PPT。

2. 选择正确的灭火剂

首先判断火灾的种类，其次选择正确的灭火剂。

3. 阐述水不可以扑救的火灾

将书本的内容形成初步认识，熟悉灭火措施等相关内容并讨论。

任务评价

任务评价主要从同学们的资料准备情况、PPT制作与汇报情况、对灭火剂的正确选择以及团队合作与纪律情况几个方面进行评价，详细内容如表3-9所示。

表 3-9 《根据危险品的性质判断所应使用的灭火剂》工作任务评价表

班级		姓名			得分
评价内容	分值	评定等级			
		A（权重 1.0）	B（权重 0.8）	C（权重 0.6）	
学习态度	10	学习态度认真，方法多样，积极主动	学习态度较好，能按时完成学习任务	学习态度有待加强，被动学习，延时完成学习任务	
查阅资料	10	查阅资料方法多样，资料内容丰富，整理有序、合理	查阅资料方法较单一，内容基本能满足要求	没有掌握查阅资料的基本方法，资料准备不足	
PPT 制作与汇报	20	PPT 制作精美、内容翔实、图文兼备；汇报人精神面貌好，思路清晰有条理	PPT 制作完整、内容不够丰富；汇报人能顺利讲完 PPT	PPT 制作缺乏思路，有的内容缺失；有的内容重复；汇报人词不达意	
选择正确的灭火剂	30	火灾的种类判断正确，灭火剂的选择正确	火灾的种类判断正确，灭火剂的选择错误	火灾的种类判断错误，灭火剂的选择错误	
阐述水不可以扑救的火灾	30	阐述水不可以扑救的火灾全面	阐述水不可以扑救的火灾较全面	阐述水不可以扑救的火灾不全面	
总计得分					

项目评价

一、判断题（正确的打“√”，错误的打“×”）

1. 根据化学品的危险程度和类别，用“警告”进行高度危害的警示。（　　）

2. 危险化学品包装上均贴有相应的安全标签，用来表示化学品的危险性和注意事项，警示作业人员进行安全操作和使用。（　　）

3. 标签应粘贴、拴挂、喷印在化学品包装或容器的明显位置。（　　）

4. 按照规定，危险化学品应附有与危险化学品完全一致的化学品安全技术说明书，并在包装（包括外包装件）上加贴或者拴挂与包装内危险化学品完全一致的化学品安全标签。（　　）

5. 标签的粘贴、挂栓、喷印应牢固，保证在运输、储存期间不脱落、不损坏。（　　）

6. 危险化学品储存方式分为隔离储存、隔开储存、分离储存 3 种。（　　）

7. 各类危险化学品可以与禁忌物料混合存储。（　　）

8. 储存化学危险品的建筑必须安装通风设备。（　　）

9. 根据危险化学品性能，分区、分类、分库储存。（　　）

10. 性质相互抵触的危险物品，如乙炔和氧气可以同车装运。（　　）

11. 易燃液体、遇湿燃烧物品、易燃固体不得与氧化剂混合储存。（　　）

12. 按着火方式，燃烧可分为强制着火（点燃）和自发着火（自燃）两类。（　　）

13. 按燃烧时可燃物的状态分，物质燃烧可分为气相燃烧、液相燃烧和固相燃烧 3 类。（　　）

14. 水是使用最广泛的良好灭火剂之一，但使用不当也会加剧火灾危害。（　　）

15. 钾、钠等活泼金属火灾可用水扑救。（　　）

16. 比水轻而又不能与水混溶的易燃或可燃液体如汽油、苯等的火灾可用水扑救。（　　）

17. 未断电的电气设备火灾不可用水扑救。 （　　）
18. 干粉灭火剂可扑救固体、液体、气体和带电设备火灾，适用范围最广。 （　　）
19. 二氧化碳不导电，所以可用于扑灭电气设备着火。 （　　）
20. 炸药爆炸属于物理爆炸。 （　　）

二、单项选择题

1. 下列哪个不是燃烧的三要素（　　）。
   A. 可燃物　　B. 助燃物　　C. 点火源　　D. 光照
2. 属于物理爆炸的是（　　）。
   A. 压力容器爆炸　　B. 炸药爆炸　　C. 原子弹爆炸　　D. 核爆炸
3. 属于核爆炸的是（　　）。
   A. 压力容器爆炸　　B. 炸药爆炸　　C. 原子弹爆炸　　D. 鞭炮爆炸
4. 汽油、甲醇、沥青着火属于（　　）。
   A. A 类火灾　　B. B 类火灾　　C. C 类火灾　　D. D 类火灾
5. 钾、钠、镁、钛着火属于（　　）。
   A. A 类火灾　　B. B 类火灾　　C. C 类火灾　　D. D 类火灾
6. 煤气、天然气、甲烷、乙烷着火属于（　　）。
   A. A 类火灾　　B. B 类火灾　　C. C 类火灾　　D. D 类火灾
7. 木材、棉、毛、麻、纸张着火属于（　　）。
   A. A 类火灾　　B. B 类火灾　　C. C 类火灾　　D. D 类火灾
8. 桌子着火了，移走旁边的椅子。这种方法可以被称为（　　）灭火法。
   A. 冷却　　B. 窒息　　C. 隔离　　D. 抑制
9. 遇水燃烧物质起火时，一定不能用（　　）扑灭。
   A. 干粉灭火剂　　B. 泡沫灭火剂　　C. 二氧化碳灭火剂　　D. 水
10. 冷却灭火方法是灭火的常用方法，主要用（　　）来冷却降温。
   A. 水　　B. 布匹　　C. 棉花　　D. 汽油

三、简答题

1. 爆炸的破坏作用有哪些？
2. 爆炸产生的毒气有哪些？
3. 能够引起燃烧爆炸的火源有哪些？
4. 聚焦的日光有什么危险呢？

M3-3 参考答案

项目四 危险品处置

学习目标

能力目标

能对安检过程中查获的各种危险品进行安全处置。

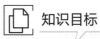

知识目标

（1）了解危险品的移交和暂存。

（2）掌握各类危险品的处置方法。

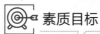

素质目标

（1）树立风险忧患意识、安全责任意识。

（2）培养学生对机场危险品进行安全处置的能力。

任务一 移交和暂存危险品

任务资讯

正确处置危险品，包括移交和暂存已经成为安全检查人员需要掌握的一项重要技能。

一、危险品的移交

勤务中查获的易燃易爆物品、毒害品、腐蚀性物品、放射性物品、其他危害飞行安全的物品等国家法律、法规禁止携带的物品移交机场公安机关处理，并做违禁物品登记。

违禁物品均具有较大的危险性，如被犯罪分子利用，将会对航空安全构成严重威胁。因此，作为民航安检人员，掌握各类违禁物品的种类、特点、危害性、代表物品，以及了解其处置方法十分重要。只有这样，才能更好地保障民航飞机和旅客生命财产的安全。

二、危险品的暂存

限制携带物品是指根据我国民航管理部门规定，旅客乘机时禁止随身携带，但可以作为行李托运的物品，或指随身携带或者作为行李托运有限定条件的物品。

根据 2016 年 12 月中国民用航空局发布的《民航旅客限制随身携带或托运物品目录》公告中的条款，液态物品、锂电池、干冰均属此范围。

由于限制携带物品有可能造成人身伤害，或对航空安全和运输秩序构成危害，因此对此类物品在携带方式、携带数量以及规格参数等方面均要采取一定条件的限制，旅客同样应该认真遵守。

对于旅客携带的限量物品超出部分，移交员可请旅客将其交给送行人带回或自行处理。如果旅客提出放弃，移交员将该物品归入旅客自弃物品回收箱（筐）中，如图 4-1 所示。

图 4-1　禁、限物品自弃箱

对于可以办理托运的物品，移交员应告知旅客，如果来不及托运，可为其办理暂存手续。

（1）暂存物品单据的使用和填写。暂存物品是指不能由乘机旅客自己随身携带，旅客本人又不便于处置的物品。暂存物品单据是指具备物主姓名、证件号码、物品名称、标记、数量、新旧程度、存根、经办人和物主签名等项目的单据。

在开具单据时必须按照单据所规定的项目逐项填写，不得漏项。暂存物品单据一式三联，第一联留存，第二联交给旅客，第三联贴于暂存物品上以便旅客领取。安检部门收存的暂存物品应设专人专柜妥善保管，不得丢失。

暂存物品单据有效期限一般为30天，逾期未领的，视为无人认领物品，交由民航公安机关处理。

案例链接

首都机场延长安检暂存物品保存期至90天

从即日起，首都机场对1月10日及以后的安检暂存物品保存期延长至90天。待疫情结束后（具体时间另行通知），安检暂存物品保存期将恢复至原来的30天。

今年“春运”期间，受疫情防控影响，部分旅客对出行计划作出调整，使得原先从首都机场出行时暂存的物品面临逾期风险。为了更好地解决旅客实际困难，妥善保管旅客在通过安检时暂存的物品，首都机场将对“春运”首日（1月10日）以来的旅客存放物品由原来的30天保存期延长至90天保存期 。对于保存期满30天且仍未领取的物品将统一存放，并单独做好台账记录。

针对即将满90天的暂存物品，首都机场将在物品存放到期前3天，主动联系告知旅客以便及时领取。旅客可携带物品存放单据及有效身份证件前往相应航站楼领取暂存物品。如本人不便领取，也可委托亲属朋友携带有效身份证件原件及物品单据电子版和物主本人有效身份证件的电子版进行代领。

来源：王蕾 . 首都机场延长安检暂存物品保存期至90天 [N]. 中国民航网，2020-02-15.

（2）暂存物品的领取及处理

① 旅客凭“暂存物品收据”旅客联在30日内领取暂存物品。物品保管员根据该暂存物品单据上的日期、序列号找到旅客的暂存物品，经确认无误后返还领取人，同时物品保管员将旅客手中的“暂存物品收据”旅客联收回。

② 对于超过30天后无人认领的暂存物品应及时上交民航公安机关处理；对于已经返还的暂存物品，则在《暂存物品登记表》上注销，并将暂存表同无人认领物品一并上交。

③ 对于旅客自弃的物品应定期回收处理。

案例链接

喀什机场推出物品暂存暖心服务

为提升喀什机场地面服务品质，营造优质舒适的乘机环境，贯彻落实真情服务，喀什机场安检站升级物品暂存服务。 喀什机场工作人员介绍，这项免费寄存服务已经推出较长时间，但很多旅客并不知晓，在安检时被查出不能随身携带的物品后，大多会选择办理行李托运，往往会耽误较长时间，少部分旅客会将禁带物品自弃。 如果旅客在不久后会乘坐飞机返回喀什，可以将物品免费暂存在机场，时限为 30 天，返回时再凭寄存凭证取走即可。为了给旅客提供更好的服务，喀什机场在原有的基础上增加了旅客暂存物品柜数量；在醒目位置设立告示牌，提示旅客机场有此项服务；增加专人负责此项服务工作。“上周乘飞机去乌鲁木齐开会也就一个星期，携带的乳液、精华水等化妆品因超量不能带上飞机，时间很赶，不能办理托运了，差一点就要忍痛将这几千元的化妆品丢掉，经工作人员提醒，才知道有免费寄存这么一项服务。”在喀什上班的王女士说道。 办理免费物品暂存的乘客以女性居多，大多为液态物品。喀什机场后期将持续推广丝路缘服务品牌，为广大旅客提供更加优质的服务，让真情服务不再是一句口号！

来源：任永成，任世国 . 喀什机场推出物品暂存暖心服务 [N]. 中国民用航空网，2018-07-02.

了解、掌握禁止携带物品和限制携带物品的处置原则，才能有效地降低危险品航空事故，减少事故损失。

工作任务

填写暂存物品单据，如表 4-1 所示。

表 4-1　暂存物品单据

年　　月　　日（当天日期）

旅客姓名 Name in full	航班号 Flight No.	目的地 Destination
工作单位 Residence	物品名称 Item（s）	物品数量 Number（s）
经手人 Handler	逾期日期 Time Limit	旅客签名 Signature
安检人员签名		

任务分析

旅客王苗苗乘坐 CZ3375 航班准备前往广州，随身携带剪刀 1 把（刃长 7cm）。旅客相关信息：身份证号码 ×

一、单据分析

暂存物品单据是指具备物主姓名、证件号码、物品名称、标记、数量、新旧程度、存根、经办人和物主签名等项目的一式三联的单据。

二、工作分析

填写暂存物品单据在机场安检通道中进行。在填写过程中要遵守该单据的填写要求，注意填写内容的准确性。根据安检人员的工作职责，将本工作任务分为 3 个子任务。

任务实施

任务 4-1　开具暂存物品单据

按照单据所规定的项目逐项填写，不得漏项。暂存物品单据一式三联，第一联留存，第二联交给旅客，第三联贴于暂存物品上以便旅客领取。

任务 4-2　旅客领取暂存物品

物品保管员根据“暂存物品收据”上的日期、序列号找到旅客的暂存物品，经确认无误后返还领取人，同时物品保管员将旅客手中的“暂存物品收据”联收回。

任务 4-3　处理暂存物品

处理超过 30 天后无人认领的暂存物品。

任务评价

填写暂存物品单据任务评价表，见表 4-2。

表 4-2　填写暂存物品单据任务评价表

班级：　　　　姓名：　　　　学号：　　　　成绩：

评价细则		评分
职业素养（20 分）	仪容仪表规范：发型自然大方，面部不浓妆艳抹，不戴奇异饰物；讲究卫生，仪容整洁（5 分）	
	着装规范：着制式服装，着装整洁，着黑色或深棕色皮鞋（5 分）	
	礼仪规范：面带微笑，表情自然，仪态优美，热情有礼；使用文明礼貌用语，对旅客服务沟通符合语言礼仪规范（10 分）	
开具暂存物品单据（30 分）	“暂存物品收据”填写正确，粘贴整齐	
旅客领取暂存物品（30 分）	正确找到旅客的暂存物品，收回旅客手中的“暂存物品收据”联	
处理暂存物品（20 分）	对超过 30 天后无人认领的暂存物品处理正确	
总分		

任务二 处置危险品

任务资讯

一、易燃易爆气体的处置

（一）允许旅客限量携带的气体的种类和数量

为了保证航空安全，同时又为旅客的旅途生活提供方便，我国对旅客携带的日常生活用品类的气瓶或气罐的量做了明确的规定。气溶胶类化妆品（如摩丝）、药品等，以容器容积限量100mL为准，且每件物品限带一件，若超量则必须托运，或交给送机亲友带回，也可由机场暂存。

（二）不准旅客携带的气体

此类物品包括：

① 催泪气体的气溶胶或装置；

② 带有压缩气体或液化气体燃料或钢瓶的野营炉，常见的燃料有丁烷、液化石油气、天然气及煤气等，钢瓶或气罐即使是空的也不准携带；

③ 潜水用的氧气瓶和冰箱或空调用的氟利昂钢瓶；

④ 销售人员或从事修理业的人员携带的气体或气体装置；

⑤ 依据2008年4月7日中国民用航空局发布《关于禁止旅客随身携带打火机、火柴乘坐民航飞机的公告》（民航【2008】3号），液化气体打火机不得随身携带，也不得在随身行李和托运行李中夹带。

对查获的非生活用品类或来路不明及无法判明其性质的气瓶或气罐予以扣留。如携带者形迹可疑，可予以扣留，并移交公安等有关部门审查。

M4-1 易燃易爆气体的处置

易燃易爆气体的处置扫描M4-1查看。

二、易燃液体的处置

1. 扣留

若在安检现场查获旅客在行李中携带的易燃液体，应立即予以扣留，人员交由公安部门审查处理。

2. 限量放行

2008年3月14日，中国民用航空总局《关于禁止旅客随身携带液态物品乘国内航班的公告》（民航【2008】2号）中规定："一、乘坐国内航班的旅客一律禁止随身携带液态物品，但可办理交运，其包装应符合民航运输有关规定。二、旅客携带少量旅行自用的化妆品，每种化妆品限带一件，其容器容积不得超过100毫升，并应置于独立袋内，接受开瓶检查。"因此，对于化妆品类液体，虽然含有一定的易燃成分，但出于人性化考虑，予以限量携带，对于这类物品的超额部分可以予以暂存或托运。但诸如花露水、双飞人药水等物品，由于成分中酒精浓度过高，不得随身携带和托运。以上规定可以看出，目前中国民用航空局对普通液体的携带要求已经非常严格，更何况是易燃液体，一律不能随身携带也不能托运。

易燃液体的处置请扫描 M4-2 查看。

M4-2　易燃液体的处置

三、易燃固体、自燃物品和遇湿易燃物品的处置

对查获的易燃固体一般予以扣留，对故意隐匿此类危险品的人员交机场公安部门审查。

对于火柴等种类的易燃固体，2008 年 4 月 7 日，中国民用航空局发布《关于禁止旅客随身携带打火机、火柴乘坐民航飞机的公告》（民航【2008】3 号）中规定，禁止将此类物品随身携带或托运。

案例链接

只要用心，平凡岗位也能闪闪发光

29 岁的吴娜在安检岗位已工作 11 个年头。已是安检护卫保障部旅检一科三分队分队长的她，管理着 1 ～ 14 号安检通道。身着笔挺的制服，脸上挂着浅浅笑意，亲切而温暖。年纪轻轻的吴娜已是全国劳模，作为一名基层一线劳动者，她光荣当选为党的十九大代表。吴娜用日复一日的行动证明，只要做个有心人，“平凡岗位也能闪闪发光”。

“安全和服务是安检工作的灵魂，一味热情远远不够。”这是吴娜总结的岗位真谛。她所承担的工作是对乘坐民航班机的旅客和随身行李实施安全检查，防止违禁物品带上飞机，确保空防安全。“安全是第一准则，检查时有时难免‘碰钉子’，需要更好地换位思考与沟通。”

根据规定，航空旅客可随身携带单件容器容积不超过 100 毫升的液态自用化妆品乘机。很多旅客在这一条上“中了招”。在她看来，如果能及时为旅客提供解决方案，比如“如果航班时间还早，可以先去托运”等，效果会更好。如果旅客实在时间紧张，吴娜身边总准备着几个不超过 100 毫升容积的分装瓶，给旅客备用，减少他们托运行李的时间。而在遇到旅客随身行李安检不通过需先去办理托运，再重新进入安检时，吴娜则会为旅客提供二次安检优享服务。

空防安全面临的形势和任务日益严峻，旅客携带的“仿真”违禁物品也越来越多。“这就需要我们苦练工作技能，练就一双‘火眼金睛’。”吴娜说，打火机不能随身携带上飞机，安检时，她就曾发现一些精致的工艺品、手表等都是打火机。还有一次进行人身检查时，她发现一名旅客的皮带头有些特别，检查后才知竟是隐藏的打火机。在机场岗位练兵、技术比武中，吴娜多次获得优异成绩。

吴娜是上海选举产生的十九大代表中最年轻的一位。她说：“我是一名普通的安检员，在机场这个窗口行业，展现的是上海这座城市的风采。”对于即将召开的十九大，吴娜满心盼望：“在平凡岗位上坚持奋斗，这也是青年一代的担当，把我们的青春注入共同的事业中。”

来源：程宏毅，常雪梅 . 只要用心，平凡岗位也能闪闪发光 [N]. 解放日报，2017-10-12.

四、氧化剂和有机过氧化物的处置

鉴于氧化剂对于航空运输危险性极大，故一般禁止旅客在行李中夹带此类物品，如发现带有

大量此类物品又形迹可疑的人员，除了扣留其所带物品外，应将其送交公安部门处理。

由于有机过氧化物具有活泼的化学性质，它同样是被禁止带上飞机的，其处置方法与氧化剂基本相同。

五、毒害品和感染性物品的处置

对于查获的毒害品应予以扣留，并将携带者移交公安部门处理。

对于查获的感染性物品，须立即将携带者扣留，送交公安部门审查处理。同时安检人员应注意保护好现场，等待专业人士到现场进行处理。

而对于某些不属于危险品范畴的生物制品类物品，予以放行。

六、放射性物品的处置

若查获来源不明、又无相应证明文件的放射性物品，应予扣留，人员交公安机关部门处理。对于有相应的证明文件，又是工农业、国防科研和医疗等部门急需的放射性物品，可让其到货运部门，依据《危险品规则》（DGR）的相应包装要求，作为危险货物运输。

七、腐蚀性物品的处置

腐蚀性物品禁止随身携带及在托运物品中夹带。安检人员对于查获的此类物品一般予以扣留，将携带者移交机场公安机关处理。若确实为工业生产需要运输的，应按照危险品运输的相关规定来进行货运。

八、杂项危险品的处置

1. 锂电池的处置

（1）锂电池的安全运输

① 可携带的锂电池。可以作手提行李携带含不超过100Wh（瓦特小时）锂电池的笔记本电脑、手机、照相机、手表等个人自用便携电子设备及备用电池登机。

② 限制携带的锂电池。经航空公司批准，可以携带含超过100Wh但不超过160Wh锂电池的电子设备登机。每位旅客携带此类备用电池不能超过两个，且不能托运。

③ 禁止携带的锂电池。禁止携带或托运超过160Wh的大型锂电池或电子设备。

④ 备用锂电池的保护措施。备用电池必须单个做好保护以防短路（放入原零售包装或以其他方式将电极绝缘，如在暴露的电极上贴胶带，或将每个电池放入单独的塑料袋或保护盒当中）。

（2）锂电池的处置

锂电池由于其特殊性，只能放置在手提行李中而不能托运，以便出现紧急情况时能够采取应急措施。对于旅客放置于手提行李与托运行李中的锂电池，经X射线机识别出后，应进行开箱包检查，确认锂电池的具体性能参数是否符合要求，如无相关标称则一律不得携带。不得携带上飞机的锂电池，可建议旅客带回或暂存。

2. 其他杂项危险品的处置

对于查获的其他杂项危险品，可根据实际情况让旅客自行处理，选择自弃或让送行亲友带回，也可视情况给予暂存处理。但一旦涉及违法犯罪，应立即将人和物扣留，移交机场公安机关处理。

对于危险品的处置，因时间紧迫、突变性大、危险性大、涉及面广，给处置工作带来许多困难，参加处置的人员往往没有仔细考虑和研究的时间，因此应根据平时制定的预案，结合当时的具体情况，果断、灵活地处置。

案例链接

民航局提示：携带疫情防控物品乘机注意事项

当前，春节假期即将结束，大量人员乘坐飞机返回工作地点。疫情防控期间，广大旅客在加强个人安全防护的同时，也要注意保障航空安全。关于旅客携带常见的疫情防控及相关物品，民航局有相关要求，请注意：

1. 个人防护物品是不是都可以携带？

民航局运输司相关负责人：个人防护用品的种类比较多，主要包括口罩、护目镜、防护服、消毒剂等，部分旅客可能还会携带体温计和药品。对于一些不会造成安全隐患的物品，携带乘机是没有限制的，比如医用口罩、N95 口罩、护目镜、普通防护服等。

2. 消毒剂是否能够携带乘机？

民航局运输司相关负责人：消毒剂产品众多，不能笼统地说能带或不能带，需要分类细说。

（1）酒精类消毒剂

目前多数免洗洗手液均含有高浓度酒精（无水乙醇），浓度在 60% ～ 80% 之间。

酒精的体积百分含量 >70%，旅客不能托运，也不能随身携带。

酒精的体积百分含量≤ 70% 的消毒剂不能随身携带登机，但可以托运，托运时应放置在零售包装内，每瓶不超过 500mL，允许托运个人自用的合理数量。

市面上还有一些产品标识不含酒精，但有可能含有异丙醇。异丙醇属于航空运输的危险品，旅客不能托运，也不能随身携带。

（2）双氧水消毒液

也叫过氧化氢消毒液。市场上销售的产品，其过氧化氢的浓度在 3.5% ～ 25% 之间，属于航空运输的危险品，旅客不能托运，也不能随身携带。

（3）过氧乙酸消毒液

市场上销售的产品，过氧乙酸含量在 15% ～ 20% 之间，属于航空运输的危险品，旅客不能托运，也不能随身携带。

（4）84 消毒液

这是以次氯酸钠为主的高效消毒剂。市场上销售的产品，有效氯含量在 4.0% ～ 6.5% 之间，属于航空运输的危险品，旅客不能托运，也不能随身携带。

（5）含氯消毒片、消毒泡腾片

根据成分不同分为：三氯异氰尿酸、二氯异氰尿酸、三氯异氰尿酸钠盐、二氯异氰尿酸盐或者混合物、二氧化氯等。市场上销售的产品均为固体，类似药片，但都属于航空运输的危险品，旅客不能托运，也不能随身携带。

（6）漂白粉

这是氢氧化钙、氯化钙、次氯酸钙的混合物，其主要成分是次氯酸钙，有效氯含量为 30% ～ 38%，属于航空运输的危险品，旅客不能托运，也不能随身携带。

（7）高锰酸钾消毒片

高锰酸钾含量在 85% ～ 95%，属于航空运输的危险品，旅客不能托运，也不能随身携带。

3. 是不是不在上述提及的这些危险品范围内的，就可以携带乘机？

民航局运输司相关负责人：那也不一定，还需要看物品的具体成分，如果没有易燃、易爆、有毒、腐蚀性等危险性，那是可以携带的。如果有其中一种危险性，那就不可以。这也是为了最大限度地保障所有旅客的安全。

4. 疫情防控期间大家都特别关注自身健康，有人习惯经常用体温计量体温，那么乘机时对携带体温计有什么要求？

民航局运输司相关负责人：体温计的种类不同，携带乘机的要求也不同。水银体温计是不能随身携带的，只能办理托运，且必须将水银体温计放置在保护盒里。

如果想携带体温计乘机出行，建议大家携带电子体温计，但要注意如果电子体温计含有锂电池，锂电池额定能量不超过 100Wh 或锂含量不超过 2g，在做好防止短路措施的前提下，携带乘机是可以的。

当然，目前的情况是从旅客进入机场便开始测量体温，其实已经没有携带体温计的必要。此外，发热旅客也不建议继续乘坐公共交通工具出行。

5. 考虑到安全问题，疫情防控期间就餐不是十分方便，出门在外，带点自热食品乘机可以吗？

民航局运输司相关负责人：现在自热食品也算网红食品了，种类很多，包括方便火锅、方便米饭、自热饮料等。由于自热食品里面含有加热包或自热包，内含遇水释放易燃气体的煤粉、铁粉，自燃固体炭或腐蚀性的氧化钙等危险品，所以这个加热包或自热包是禁止旅客携带的。旅客如果把这个加热包或自热包扔掉了，剩下的食物可以携带，但是如果是包装在一起的自热食品，旅客不能托运，也不能随身携带。

来源：李润发．民航局提示：携带疫情防控物品乘机注意事项 [N]. 民航局网站，2020-02-03.

工作任务

正确处置打火机燃料

任务准备

请仔细观察图片，回答下述问题。

任务实施

① 上图所示物品是否为危险品？属于哪类物品？

② 上图所示物品有何危险特性？

③ 在检查中发现旅客藏匿此类物品应该如何处理？

任务评价表如表 4-3 所示。

表 4-3 《正确处置打火机燃料》工作任务评价表

班级：　　　　姓名：　　　　学号：　　　　成绩：

测试内容	测试考核要点	分值	扣分	得分
职业素养	仪容仪表规范：发型自然大方；面部不浓妆艳抹，不戴奇异饰物。讲究卫生，仪容整洁	5		
	着装规范：着制式服装，着装整洁，着黑色或深棕色皮鞋	5		
	礼仪规范：面带微笑，表情自然，仪态优美，热情有礼；使用文明礼貌用语，对旅客服务沟通符合语言礼仪规范	10		
图示分析	正确回答是否为危险品	15		
	正确回答危险品类别	20		
	正确回答危险特性	20		
	正确回答处理方法	20		
	在规定时间内完成表述，超时扣 2 分	5		
小计		100		

一、判断题（正确的打“√”，错误的打“×”）

1. 液态物品、锂电池、干冰不属于限制携带的物品。（　　）

2. 由于限制携带物品有可能造成人身伤害，或对航空安全和运输秩序构成危害，因此对此类物品在携带方式、携带数量以及规格参数等方面均要采取一定条件的限制，旅客同样应该认真遵守。（　　）

3. 双氧水消毒液也叫过氧化氢消毒液，市场上销售的产品，其过氧化氢的浓度在 3.5% ~ 25% 之间，属于航空运输的危险品，旅客不能托运，但可以随身携带。（　　）

4. 漂白粉是氢氧化钙、氯化钙、次氯酸钙的混合物，其主要成分是次氯酸钙，有效氯含量为 30% ~ 38%，属于航空运输的危险品，旅客不能托运，也不能随身携带。（　　）

5. 暂存物品单据有效期限一般为 20 天。（　　）

6. 气溶胶类化妆品（如摩丝）、药品等，容器容积限量 100 毫升且每件物品限带一件，若超量则必须托运，或交给送机亲友带回，也可由机场暂存。（　　）

7. 对于化妆品类液体，虽然含有一定的易燃成分，但出于人性化考虑，予以限量携带，对于

这类物品的超额部分可以予以暂存或托运。（　　）

8. 花露水、双飞人药水等物品可以随身携带和托运。（　　）

二、简答题

1. 不准旅客携带的气体有哪些？
2. 不得携带上飞机的锂电池有哪些？

M4-3　参考答案

项目五 爆炸物识别

学习目标

能力目标

（1）能识别可疑的炸药。
（2）能识别常见的火工品。
（3）能认识爆炸装置。
（4）能识别非制式爆炸装置。

知识目标

（1）掌握炸药的分类。
（2）了解火工品的分类、常见的火工品。
（3）掌握爆炸装置的组成。
（4）掌握制式、非制式爆炸装置的种类。

素质目标

（1）树立“严格检查”的职业习惯，培养“遵章守纪”的职业素养。

（2）树立风险忧患意识。

任务一 识别可疑的炸药

任务资讯

案例引导

想带起爆器上飞机男子机场遇“麻烦”

昨天，首都机场安检人员在例行北京至合肥的航班检查任务时，从一名男性中年旅客的行李包中检查出两个用于工程爆破的高压脉冲起爆器。旅客所携带的高压脉冲起爆器是今年安检部门查到的首例制式爆炸类物品。

昨天早上7时左右，首都机场2号航站楼17号通道里，安检员小柳正在聚精会神地执行着检查任务。这时，X光机荧光屏上一个类似手电筒大小的可疑物件图像进入小柳的视线。“这东西好像在培训中见过。”小柳下意识地提高了警惕。小柳悄悄示意开包员锁定装有可疑物品的一个小包。不一会儿，一位接受完人身检查的中年男子过来认领自己的箱包。经检查确认，该男子小包内分别装有两个起爆装置。此物样品经机场安检防爆人员通过仪器测试均显示RDX（黑索金——炸药的一种）字样报警。据旅客本人讲，他刚执行了某市烟厂的爆破任务，无意中将此物件带入机场。

来源：高英英.想带起爆器上飞机男子机场遇“麻烦”[N].北京晚报，2007-09-08.

作为机场工作人员，该从哪些方面了解爆炸物的核心部分——炸药呢？

从以往的劫、炸机事件来看，犯罪分子若赤手空拳很难达到目的，大多数情况都是通过使用或谎称带有武器、爆炸物品等违禁物品来实施劫、炸机的。准确识别爆炸品，已经成为安全检查人员需要掌握的一项重要技能。

为了更好地认识爆炸物和爆炸装置，从而找到解决安全问题的突破口，我们先从了解爆炸物的核心部分——炸药开始。

一、炸药的定义及分类

（一）炸药的定义

炸药是在一定的外界作用下（如受热、撞击）才能发生爆炸，同时释放热量并形成高热气体的化合物或混合物。最早的炸药是黑色火药。由于火药的发明来自制丹配药的过程中，在火药发明之后，曾被当作药类。《本草纲目》中就提到火药能治疮癣、杀虫，辟湿气、瘟疫。火药不能解决长生不老的问题，又容易着火，当时的炼丹人士对他并不感兴趣。火药的配方由炼丹人士转到军事家手里，就成为中国古代四大发明之一的黑色火药。

1. 炸药爆炸三要素

炸药爆炸是化学爆炸的一种，炸药爆炸时应具备 3 个同时并存、相辅相成的条件，称为炸药爆炸三要素。这 3 个要素分别是反应过程大量放热、反应过程极快和生成大量气体。

（1）反应过程大量放热。放热是化学爆炸反应得以自动高速进行的首要条件，也是炸药爆炸对外做功的动力。例如，1kg 梯恩梯爆炸时能产生 1183kJ 的热量；而把 1kg 大米做成米饭却只需要约 500kJ 的热量。

（2）反应过程极快。这是区别于一般化学反应的显著特点，爆炸可在瞬间完成。例如 1kg 梯恩梯完全爆炸只需要十万分之一秒的时间，而 1kg 煤能放热 2140kJ，比梯恩梯约多一倍，但其反应时间要几十分钟，因此煤不具备爆炸条件。

（3）生成大量气体。反应过程生成大量气体产物是炸药爆炸的一个重要条件，因为炸药爆炸时对周围介质做功是通过高温高压气体的迅速膨胀来实现的。

炸药爆炸的 3 个基本特征是炸药所具有的特殊本性：放热性给爆炸提供了能源；快速性使能量集中；生成的气体是能量转化的工作介质。

2. 炸药化学变化的基本形式

同一种炸药因外能和反应条件不同，发生化学变化的方式也可能不同。炸药在外能作用下可能发生 3 种基本形式的化学反应，即热分解、燃烧和爆炸。

（1）热分解。炸药在常温下或受热作用时，会缓慢地分解并放出热量，这就是热分解。热分解的速度随温度的升高而加快。所以，在储存炸药时，堆放不要过密过多，要注意通风，保持常温，防止炸药因温度过高导致热分解加快而引发爆炸事故。

（2）燃烧。炸药在火焰或热作用下可能引起燃烧。燃烧速度一般比较慢，但当燃烧生成的气体或热量不能及时排出时，可能导致爆炸。因此，当遇到炸药燃烧时，切不可用沙土覆盖法去灭火。

（3）爆炸。当炸药受到足够大的外能作用时，会发生猛烈的化学反应。该反应以一种冲击波的形式高速传播，这就是炸药的爆炸。爆炸速度保持在最高值并稳定传播时称为爆轰。因此，爆轰是炸药化学变化的最高形式，这时炸药的能量释放得最充分。爆轰是一种比燃烧更剧烈的化学变化，爆轰过程中能量以爆轰波的形式高速自行传播，传播的速度为每秒几百到数千米，受外界条件的影响很小。

燃烧和爆轰的作用机理是不同的，燃烧是通过热的传导、扩散和辐射使能量在炸药微粒中传播的，而爆轰则是通过冲击波传播的，爆轰波就是伴有高速化学反应的冲击波。

上述 3 种反应形式不是相互独立的，在一定条件下，可以相互转化。缓慢分解会导致炸药燃烧，而燃烧又可以转化为爆轰，反之亦然。如当炸药失火时，要设法控制升温和热能积聚，应采用水来灭火，不宜采用泡沫灭火器，更不能采用覆盖沙土的办法灭火，否则将由燃烧转为爆炸，造成事故。使用炸药时，要给予足够的外能，确保炸药稳定爆炸，以免造成半爆或拒爆事故。

（二）炸药的分类

目前国内使用的炸药品种较多，为了便于选用，通常按照性质对它们进行分类。

1. 按应用分类

炸药可分为起爆药、猛炸药、火药、烟火剂。

炸药爆炸时的威力非常大，爆炸瞬间产生的高温火焰，可引燃周围可燃物而酿成火灾。爆炸产生高温高压气体所形成的空气冲击波，可造成对周围环境的破坏，严重的可摧毁整个建筑物及设备，也可破坏邻近建筑物，甚至离爆炸点很远的建筑物也会受到损坏并造成人员伤亡。

（1）起爆药。起爆药是用于激发猛炸药爆炸的引爆剂，又称为初级或初发炸药，起爆药的特点是感度高，在比较小的外能（如加热、撞击、摩擦等）作用下就能引起爆炸，因此主要用于雷管、火帽等起爆器材的装药。常用的起爆药有：雷汞、叠氮化铅、二硝基重氮酚等。

（2）猛炸药。猛炸药是在起爆药产生的轰击波的作用下，发生猛烈的爆炸反应，对周围介质有强烈机械破坏作用的物质。爆炸威力大，破碎岩石和构筑物的效果好，所以它是各类爆破工程中最基本的常用炸药类型。它常常要用起爆药引爆，所以又称为次级或次发炸药。常见的猛炸药有：梯恩梯、黑索今、太安、硝化甘油、奥克托金等。

图 5-1　黑火药

（3）火药。火药的发明是人类文明史上的一次杰出的成就。火药的特点是对火焰的感度极高，遇火能迅速燃烧，燃烧产生的高温高压气体做抛射功。在爆炸装置中常用黑火药，如图 5-1 所示。

火药主要成分为硝酸钾、硫和木炭的机械混合物。硝酸钾是氧化剂，木炭是可燃剂，二者作用产生气体并放出热量。硫黄既起黏合剂的作用，使黑火药的各种成分均匀地黏合在一起，又起可燃剂的作用，且其燃点比木炭低，使黑火药易于点燃。黑火药外观呈金属光泽的黑色颗粒，易被点燃，但稀释后丧失燃烧能力，较敏感，尤其受撞击和摩擦容易引起爆炸。在爆炸装置中主要用作延期药和导火索的药芯，还可用作烟花中的发射药。

（4）烟火剂。烟火剂通常是由氧化剂、可燃剂或金属粉末及少量黏合剂混合而成。其中氧化剂为烟火剂提供燃烧所需的氧，主要是采用硝酸盐类、氯酸盐类和高氯酸盐类等化工原料，也有用不含氧的物质，如四氯化碳、六氯乙烷等。

可燃物为烟火剂提供燃烧所需的热量，不同的烟火剂对热量的需要不同。高发热量的可燃物有镁粉、铝粉及铝镁合金粉等。低发热量的可燃物有木炭、煤粉、硫黄、赤磷等。黏合剂的主要作用是保证药物有一定的黏度，能够压制出具有一定强度和密度的颗粒，从而达到良好的燃烧和爆炸效果。常用的黏合剂有：酚醛树脂、聚乙烯醇、松香等。

民用烟火剂经常用于制作烟花爆竹。

2. 按炸药组成的化学成分分类

可以将炸药分为单一化学成分的单质炸药和多种化学成分组成的混合炸药两大类。爆破工程中大量使用的是猛炸药，尤其是混合猛炸药，起爆器材中使用的是起爆药和高威力的单质猛炸药。

3. 按使用条件分类

可以将工业炸药分为三类，如表 5-1 所示。

表 5-1　按工业炸药使用条件分类

分类	使用条件
第一类	准许在一切地下和露天爆破工程中使用的炸药，包括有瓦斯和矿尘爆炸危险的矿山
第二类	准许在地下和露天爆破工程中使用的炸药，但不包括有瓦斯和矿尘爆炸危险的矿山
第三类	只准许在露天爆破工程中使用的炸药

第一类属于安全炸药，又称为煤矿许用炸药。第二类和第三类属于非安全炸药。第一类和第二类炸药，每千克炸药爆炸时所产生的有毒气体不能超过安全规程所允许的量。同时，第一类炸药爆炸时还必须保证不会引起瓦斯或矿尘爆炸。

炸药应用分类请扫描 M5-1 查看。

M5-1　炸药应用分类

二、炸药的特性

炸药的爆炸性能通常用以下 5 个参数来表示：即爆容（V）、爆热（Q）、爆温（T）、爆速（D）和爆压（P）。但在实际应用中，还常用威力和猛度来表示炸药总的做功能力和对周围介质的破坏能力；用敏感度来表示炸药在储存、运输和使用时，受外界环境影响发生爆炸反应的难易程度。

（1）爆容（V）。1kg 炸药爆炸生成气体产物换算为标准状态下的体积称为爆容（specific volume，单位：L/kg）。爆容越大，炸药做功能力越强。

（2）爆热（Q）：单位质量炸药爆炸时所释放的热量称为爆热（explosion heat，单位：J/kg 或 kJ/kg）。爆炸瞬间固体炸药变成气体产物，这些产物来不及膨胀，爆炸已经结束，因而可以认为爆炸过程是定容过程。

（3）爆温（T）：炸药爆炸时放出的能量将爆炸产物加热到的最高温度称为爆温（explosion temperature）。

（4）爆速（D）：在炸药爆轰过程中，爆轰波沿炸药传播的速度称为爆速（detonation velocity）。

（5）爆压（P）：炸药爆炸时爆轰波阵面的压力称为爆压（explosion pressure）。

（6）炸药的敏感度（sensitivity）。炸药在外能的作用下，发生爆炸反应的难易程度，称为炸药的敏感度（也叫感度）。炸药是一类能够在外界作用下发生爆炸变化的相对稳定的物质。能引起炸药爆炸变化的外界能量称为起爆能，不同炸药对不同形式起爆（如热能、机械能、炸药的爆炸能、电能和光能）的感度不同。容易引起爆炸的称为感度大或敏感，否则称为感度小或钝感。炸药的敏感度包括以下几种。

① 炸药的热感度：指在热能作用下，炸药发生爆炸的难易程度。

② 炸药的火焰感度：指炸药对火焰的敏感度。有些炸药的爆燃点虽然高，如黑火药为 90～310℃，但在接触火焰或火花时，很容易着火引起爆炸。因此，对火焰感度高的炸药如黑火药、无烟火药等，应特别注意火焰的危险。

③ 炸药的冲击感度：指炸药对机械作用的敏感程度。冲击能使炸药局部加热到炸药的爆燃点而发生爆炸。因此要特别注意冲击对炸药造成的危险性。

④ 炸药的起爆敏感度：通常以能引起爆炸的极限起爆药量的大小来表示该炸药的起爆敏感度。起爆药量小，说明该炸药的起爆敏感度高。

炸药对不同形式的外界能量作用所表现的感度是不一样的。故不能简单地以炸药对某种起爆能的感度等效地衡量它对另一种起爆能的感度。

（7）炸药的威力。炸药的威力是指炸药爆炸时做功的能力。该指标的大小取决于炸药爆炸时产生的气体和热量的多少。

（8）炸药的猛度。炸药的猛度是指爆炸瞬间爆轰波和爆轰产物对邻近的局部固体介质的冲击、撞碰、击穿和破碎能力，主要取决于炸药的爆速。

三、常见的炸药

（一）单质炸药

1. 起爆药

（1）雷汞。1799年，英国科学家霍华德发明了雷汞，雷汞为白色或灰白色的微细晶体，有毒，500℃以上自行分解。干燥的雷汞对撞击、摩擦和火花极敏感，是起爆药中感度最大的一种炸药。潮湿的雷汞易与铝作用生成极易爆炸的雷酸盐，雷酸盐比雷汞本身的感度还高，故雷汞不允许装入铝壳中，工业上以雷汞为起爆药的雷管都用铜壳或纸壳。应防止雷汞受潮，以免发生雷管拒爆。

（2）叠氮化铅。叠氮化铅简称氮化铅，为白色针状晶体，有毒，热感度较低，但起爆威力较大。氮化铅不因潮湿而失去爆炸能力，可用于水下起爆。由于氮化铅在潮湿和有二氧化碳的环境中易与铜发生作用，生成敏感的氮化铜，因此氮化铅雷管不用铜壳，而用铝壳或纸壳。

（3）二硝基重氮酚。二硝基重氮酚（DDNP），纯品为黄色针状结晶，有毒，火焰感度高于糊精氮化铅而与雷汞相近。起爆力为雷汞的两倍，是目前用量最大的单质起爆药之一。二硝基重氮酚的安定性好，在常温下长期储存于水中仍不降低其爆炸性能。由于二硝基重氮酚的原料来源广，生产工艺简便、安全，起爆性能好，所以是国产雷管主要用的起爆药。

2. 单质猛炸药

（1）梯恩梯。梯恩梯（TNT），即三硝基甲苯，为黄色晶体，也称黄色炸药。梯恩梯难溶于水，易溶于甲苯，热安定性很高。能被火焰点燃，在密闭或堆量很大的情况下燃烧，可以转化为爆炸。机械感度较低，但如混入细砂类硬质掺合物时则容易引爆。

散装梯恩梯是黄色鳞片状晶体；制式梯恩梯分为块状（200g、500g、1000g等）和柱状（75g）；其中，块状和柱状梯恩梯的凹槽是放置雷管用的雷管室。

（2）黑索今。黑索今（RDX），即环三次甲基三硝铵 $C_3H_6N_3(NO_2)_3$，也称为“旋风炸药”，属于猛炸药，无味白色粉状结晶，几乎不溶于水，可溶于浓硝酸和丙酮，是爆炸力极强大的猛性炸药。遇明火、高温、震动、撞击、摩擦有引燃和爆炸危险。机械感度比梯恩梯高。由于它的威力和爆速都很高，除用作雷管中的加强药外，还可用作导爆索的药芯或同梯恩梯混合制造起爆药包。具有很好的黏合性，可以和塑料、纤维等混合，制成各种形状，威力大，易于伪装，为越来越多的恐怖分子所使用。

（3）太安。太安（PETN），即季戊四醇四硝酸酯 $C(CH_2ONO_2)_4$，为白色晶体，几乎不溶于水，机械感度比黑索今高，其他爆炸性能和黑索今相近，用途也基本相同。

（4）硝化甘油。硝化甘油（NG），即三硝酸酯丙三醇 $C_3H_5(ONO_2)_3$，无色或微黄色油状液体，不溶于水，在水中不失去其爆炸性能。

硝化甘油的机械感度和爆炸感度都很高，受撞击和震动易发生爆炸，因此不能单独使用。其爆炸威力约相当于等量黑火药的3倍，爆速相当于等量黑火药的25倍。通常将其吸收在多孔物质（硅藻土、黏土、锯末等）中以降低其敏感度。硝化甘油有毒，应避免与皮肤直接接触。

（5）奥克托金。奥克托金（HMX），白色颗粒状结晶，不吸湿，爆速、热稳定性和化学稳定性都超过黑索今，是目前单质猛炸药中爆炸性能最好的一种。但机械感度比黑索今高，熔点高，且生产成本昂贵，难以单独使用。

（二）混合炸药

单质猛炸药不是感度太高，就是感度太低（硝酸铵），感度高的炸药安全性差，感度太低的起爆困难。单质猛炸药爆炸后生成的有毒气体一般较多，多数单质猛炸药的成本也比较高。为了满足工程爆破对炸药的要求，工业炸药都采用混合炸药，混合炸药由爆炸成分和其他辅助成分（如防水剂、敏化剂、燃料等）进行合理配比制成。炸药的性能对爆破效果和安全均有很大影响，所以工业炸药要符合下列要求：

① 加工工艺简单，操作安全；

② 原料来源广泛，价格便宜；

③ 有适当的稳定储存期。在规定的储存期间内，不应变质失效；

④ 爆炸性能好，具有足够的爆炸威力，以满足不同矿岩的爆破需要；

⑤ 具有较低的机械感度和适度的起爆感度，既能保证生产、储存、运输和使用过程中的安全，又能保证使用操作中方便、顺利地起爆。

混合炸药根据不同的要求可以含有以下内容：

① 氧化剂，为爆炸提供足够的氧；

② 敏化剂，提高炸药的感度和威力；

③ 可燃剂，提高炸药的爆热，进而增加炸药的威力；

④ 防潮剂，增强混合炸药的防水能力，以便可以用于潮湿有水的爆破环境；

⑤ 疏松剂，可以防止炸药结块。

硝酸铵（氧化剂）是工业炸药的主要原料，在炸药的爆炸反应中提供氧元素，不能用雷管或导爆索起爆，主要缺点是具有较强的吸湿性和结块性。为了提高硝酸铵的抗水性，可加入如下防潮剂。

第一类：憎水性物质（如松香、石蜡、沥青和凡士林等）。

第二类：活性物质（如硬脂酸钙、硬脂酸锌等）。

1. 铵梯炸药

（1）铵梯炸药的组成和作用。散装铵梯炸药呈散沙状；制式铵梯用蓝黑色蜡纸包装，呈圆筒状，一般装药量 150g。

铵梯炸药的主要成分是硝酸铵（85%±1.5% 以上）和 TNT（11%±1.0% 左右），还有少量的木粉（4%±0.5% 左右）、石蜡、沥青等。

硝酸铵是氧化剂，同时也是主要的爆炸成分；TNT 既是还原剂也是敏化剂；木粉是疏松剂，同时也是可燃剂。为了使混合炸药具有一定的抗水能力，必要时可加入少量石蜡、松香、沥青或凡士林等，煤矿用铵梯炸药还加入 15% ～ 20% 的食盐作消焰剂，防瓦斯、煤尘爆炸。这类炸药是国内外工业上用了近两个世纪的传统炸药，目前仍属基本品种。

（2）铵梯炸药的性能和应用。铵梯炸药是目前我国应用范围较广、用量较大的工业炸药。它具有较高的威力和感度，可以用 8# 工业雷管起爆，装药密度一般为 0.85 ～ 1.10g/cm^3。铵梯炸药具有原料来源广、加工工艺简单、成本低、安全性好等优点，在各类矿山和工程爆破中广泛应用。主要缺点是吸湿性强、防水性差、吸湿后结块硬化、爆炸性能降低等。铵梯炸药一般适用于中硬矿岩中无水工作面的爆破。

2. 铵油炸药

（1）铵油炸药的组成和作用。铵油炸药是由硝酸铵和燃料油为主要成分的粒状或粉状（添加适量木粉）爆炸性混合物，简称爆破剂。铵油炸药的主要成分是硝酸铵和柴油。为了防止结块，可以加入少量木粉作为疏松剂。

硝酸铵是主要成分，也是氧化剂。柴油的加入可以增加放出热量，减少爆炸后产生的有毒气体，还能与硝酸铵均匀混合，容易渗透到硝酸铵颗粒的内部，保证爆炸反应完全，有利于提高炸药的威力。粉状铵油炸药较合理的成分配比是硝酸铵：柴油：木粉 =92：4：4。

（2）铵油炸药的性能和应用。铵油炸药是感度和威力均较低的炸药，少数铵油炸药可以用8# 雷管起爆，多数铵油炸药需要由起爆药包（起爆弹）起爆。由于铵油炸药的原料来源广、成本低、加工容易、安全性好，尤其是采用机械化混装车装药时，它的优点更加突出，是目前金属矿山应用最广的炸药（主要是露天矿）。铵油炸药和铵梯炸药一样，有吸湿后结块硬化的缺点，使其应用范围受到限制。铵油炸药还有易燃的缺点。

3. 浆状炸药

（1）浆状炸药的组成。浆状炸药是以氧化剂水溶液、敏化剂和胶凝剂为基本成分的抗水硝铵类炸药。

① 氧化剂。浆状炸药的氧化剂主要采用硝酸铵（占 65% ～ 85%）饱和水溶液。制成的硝酸铵饱和水溶液不再吸收水分，从而提高了浆状炸药的抗水能力。但是水的加入使得浆状炸药的感度有所下降。

水在化学中被作为惰性物质，在炸药中起钝感作用，但能将各成分均匀而紧密地结合到一起，炸药的密度得到提高，从而使炸药的物理性能和爆炸性能得到改善，水还用来形成水凝胶，提高炸药的抗水能力。此外，炸药爆炸时，水化为蒸汽，可增加爆容，降低爆炸产物的比热。总之，水对炸药会产生多方面的影响，有好的一面，又有不利的一面。因此，需根据炸药性能的要求，合理地确定含水量。经验证明，水在浆状炸药中的含量以 10% ～ 20% 较为适宜。

② 敏化剂。由于水在浆状炸药中起钝感作用，使起爆感度降低。为了使浆状炸药能顺利起爆，故加入适量的敏化剂以提高感度。主要敏化剂有单质猛炸药、金属粉和固体可燃物。

③ 胶凝剂。在浆状炸药中起增稠作用，使炸药中固体颗粒呈悬浮状态，使氧化剂水溶液、不溶水的敏化剂颗粒胶结在一起，保持浆状炸药必需的理化性质和流变性，并提高抗水性和爆炸性能。

（2）浆状炸药的性能。浆状炸药是一种高威力防水炸药，具有良好的防水性能，制造、使用安全。浆状炸药的感度较低，不能用雷管直接起爆，必须用起爆药包方能起爆；理化安定性和防冻性能均较差；不能用于有瓦斯和煤尘爆炸危险的工作面。

4. 水胶炸药

一般来说，水胶炸药与浆状炸药没有严格的界限，它也是由氧化剂、水、胶凝剂和敏化剂等组成的，主要区别在于使用不同的敏化剂。主要敏化剂是采用水溶性的甲基胺硝酸盐。

5. 乳化炸药

乳化炸药也叫乳胶炸药，是用乳化技术制成的乳胶型炸药，由硝酸铵、柴油、乳化剂、硝酸钠等成分组成。跟浆状炸药和水胶炸药不同，乳化炸药属于油包水型抗水性炸药，用于水中的民用爆破型作业，而后两者属于水包油型结构。

水和氧化剂组成乳化炸药的分散相，又称水相或内相。

柴油和石蜡，形成乳化炸药的连续相，又称外相。

乳化炸药同浆状炸药、水胶炸药一样，同属含水炸药，所以为保证起爆感度，必须采用较理想的敏化剂。乳化炸药的敏化剂常采用猛炸药、金属粉或发泡剂，用以提高含水炸药的敏感度。

6. 塑性炸药

塑性炸药在国际上通常以“C 族炸药”作代称，其种类很多。它是由主体炸药黑索金、黏结剂及增塑剂组成的炸药。外观像腻子或生面团，具有塑性、较好的稠度和黏性，在外力作用下易发生不可逆的形变，易于相互黏结成团或捏成所需的形状，便于伪装。塑性炸药为白色或略带黄色，吸湿性小，爆速极快，威力比 TNT 略大。塑性炸药的摩擦感度比 TNT 灵敏，在正常环境下可用 8# 雷管直接起爆。

C4 塑性炸药原产捷克，现在的主要生产国是美国。C4 塑性炸药是近年新型的可塑外形炸药的一种，简称 C4。C4 的主要成分是一种名为聚异丁烯的化学物质，而主要爆破元素是 RDX，RDX 占整个 C4 含量的 94%。

工作任务

识别可疑的炸药

任务准备

请仔细观察图片，回答下述问题。

黑索今

任务实施

① 上图所示物品是否为违禁品？属于哪类危险品？

② 上图所示物品有何危险特性？

③ 在检查中发现此类物品应该如何处理？

任务评价

任务评价表如表 5-2 所示。

表 5-2 《识别可疑的炸药》工作任务评价表

班级： 姓名： 学号： 成绩：

测试内容	测试考核要点	分值	扣分	得分
职业素养	仪容仪表规范：发型自然大方；面部不浓妆艳抹，不戴奇异饰物。讲究卫生，仪容整洁	5		
	着装规范：着制式服装，着装整洁，着黑色或深棕色皮鞋	5		
	礼仪规范：面带微笑，表情自然，仪态优美，热情有礼；使用文明礼貌用语，对旅客服务沟通符合语言礼仪规范	10		
图示分析	正确回答危险品类别	25		
	正确回答危险特性	25		
	正确回答处理方法	25		
	在规定时间内完成表述，超时扣 2 分	5		
小计		100		

任务二 识别常见的火工品

任务资讯

案例引导

长治机场首次查获爆炸物品

民航资源网2016年5月8日消息：2016年5月7日，长治机场大厅检爆人员查获一起携带大量导爆索等装置的人员，随即按应急流程移交机场公安处理。

下午3时左右，大厅检爆人员正在对进入候机楼旅客进行例行防爆检测，对一旅客的双肩背包进行防爆检查时，检爆仪发生报警，检查员立即叫住该旅客进行第二次检测以确认结果，仍发生报警。检查员立即上报安检值班领导，并对旅客行李进行开包检查，发现旅客背包内有大量导爆索等物品，立即将该旅客控制，通知机场公安后，公安人员很快赶到现场，将该旅客及其背包带走进行进一步调查。这是长治机场首次在检爆岗位查获爆炸品。

来源：方建朋．长治机场首次查获爆炸物品[N]. 民航资源网，2016-05-08.

作为机场工作人员，请判断导爆索属于哪种类型的火工品？

火工品是一切爆炸装置中不可缺少的关键部件，它不但具有独立做功的作用，更主要的一点，它还是武器弹药系统的首发能源产品，因此其安全性、可靠性和先进性将直接影响到爆炸装置总体的安全性、可靠性和先进性；火工品是武器弹药系统重要的不可缺少的子系统。

1831年英国人毕克福德发明了导火索；1865年诺贝尔发明雷管，其是用雷汞（1799年霍华德）装填的；19世纪70年代出现电雷管；1895年研制成秒延期电雷管；1919年制成以太安（季戊四醇四硝酸酯）为药芯的导爆索；1946年制成毫秒延期电雷管；20世纪50年代中国开始生产导爆索，药芯用黑索今；1967年瑞典诺贝尔炸药公司取得导爆管专利。

一、火工品的定义及分类

1. 火工品的定义

火工品是指装有火工药剂，在很小的外界能量激发下，一次性燃烧或爆炸后，释放出大功率能量，起引燃、引爆或特种效应作用的元件或装置。火工品常用于引燃火药、引爆炸药，是一切武器弹药、燃烧爆炸装置的初发能源，体积小、结构简单、使用方便，能在较小的外界冲能（如热、火焰、机械、电能、激光、辐射等）作用下被激发，产生足够的输出能量，实现预期的做功效果。

2. 火工品的分类

如果按其输出特性来分：

① 引燃类火工品，如火帽、底火、拉火管、导火索等；
② 引爆类火工品，如雷管、导爆索、导爆管等。

二、常见的火工品

1. 火帽

火帽通常是点火或起爆系列中第一个作用的火工品，按击发方式分为摩擦火帽、撞击火帽和针刺火帽，直径 3.05 ～ 4.25mm，高 2.25 ～ 4.6mm，外壳用紫铜冲压，加强帽（盖片）起防震、防潮作用，击发药为雷汞、氯酸钾和三硫化锑混合物。使用时通过撞击产生火焰以点燃发射药或雷管。其危险特性在于对一定量的火焰、震动、撞击很敏感，易爆炸。

2. 拉火管

拉火管分为纸制和塑料制两种，起爆时用手拉手柄，拉火丝上的摩擦药与拉火帽摩擦发火，用 1 ～ 6kg 的拉力即可发火，喷火长度 5cm，其用途是点燃导火索，受潮后易失效，如图 5-2 所示。

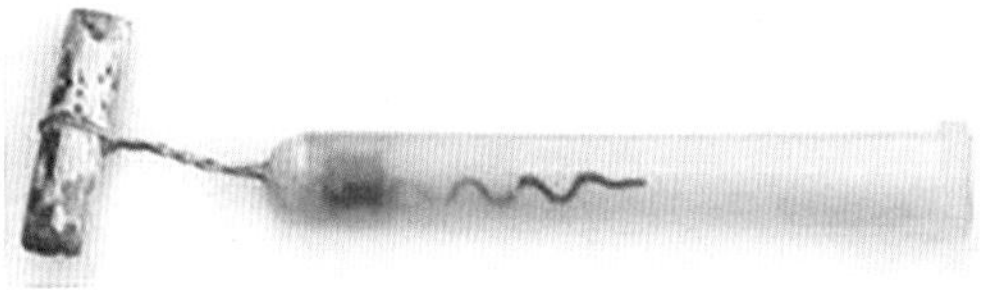

图 5-2　拉火管

3. 雷管

雷管是管壳中装有起爆药，通过点火装置使其爆炸而后引爆炸药的装置。雷管主要有以下几种。

（1）火雷管。火雷管的结构由 3 部分组成，即管壳、加强帽和装药。管壳有铜、铝、铁、纸等；加强帽是为了防止药剂散出；装药一般分 2 层，上层为起爆药，下层为猛炸药。火雷管适用于小型爆破作业，用在无沼气、无矿尘爆炸危险的井下及露天爆破工程。火雷管用导火索引爆。常用的火雷管有 6# 和 8# 两种。火雷管的储存期一般为 5 年，受潮后易失效。

（2）电雷管（瞬发）。电雷管与火雷管结构基本相同，主要区别是电雷管的管壳内上部有一个点火头。电雷管用电引爆，其机理是，通电后点火头被引燃，继而引爆雷管，聚能穴的方向代表传爆方向。之所以叫瞬发电雷管，是因为在通电后瞬间就爆炸。

（3）电雷管（延时）。延时电雷管是为了满足一次通电使多个雷管按一定顺序逐个延期爆发的要求而特制的，分为秒延期和毫秒延期电雷管。

（4）导爆管雷管。塑料导爆管雷管的简称，它是由导爆管的冲击波能激发的工业雷管，由导爆管和火雷管装配组成，用于无瓦斯、沼气、煤尘等爆炸危险的爆破工程。

4. 导火索

外包白色棉麻纤维，直径 5.2 ～ 5.8mm，药芯为黑火药。有防潮层，可在水中燃烧，浸在水深 1m 处 5 小时，取出仍能点燃。绳索状点火器材，它主要用于引燃火雷管或黑火药。不能用水浇灭、用脚踩灭，可用剪刀剪断。导火索用拉火管、火柴点燃。燃速为 1cm/s，有效喷火距离不小于 50mm。

按用途分为军用导火索及民用导火索。军用包括手榴弹导火索及金属管延期索。

民用包括普通导火索、石炭导火索、塑料导火索、秒延期导火索、速燃导火索和缓燃导火索等，广泛应用于矿山开发、兴修水利、交通建设、农田改造等爆破工程。

导火索主要用于传递燃烧火焰，达到延期点火的目的。

5. 导爆索

导爆索由芯药、棉线、纸条、防潮剂（沥青和涂料）等组成，外径为 5.2 ～ 6.2mm，爆炸速度为 6500m/s。用来传递爆轰波的索状火工品，外包红色棉麻纤维（少量也有绿色和黄色，但国产制式导爆索多为红色），药芯为黑索今。起爆时用雷管引爆，其用途是引爆与其相连的炸药包。

通常分为普通、抗水、高能、低能 4 种导爆索。

6. 导爆管

又称塑料导爆管，非电导爆管。为内壁涂有猛炸药（HMX 或 RDX），以低爆速传递爆轰波的塑料细管。传播性能好，遇火燃烧而不被激发，抗冲击能力强，抗水及抗电性能俱佳，且具有一定强度，成本低，已普遍使用。

我国普通塑料导爆管一般由低密度聚乙烯树脂加工而成，无色透明，外径 3.0mm 左右，内径 1.4mm 左右。涂覆在内壁上的炸药量为奥克托金或黑索今。还有高强度塑料导爆管。

常见火工品请扫描 M5-2 查看。

M5-2　常见火工品

工作任务

识别常见的火工品

任务准备

请仔细观察图片，回答下述问题。

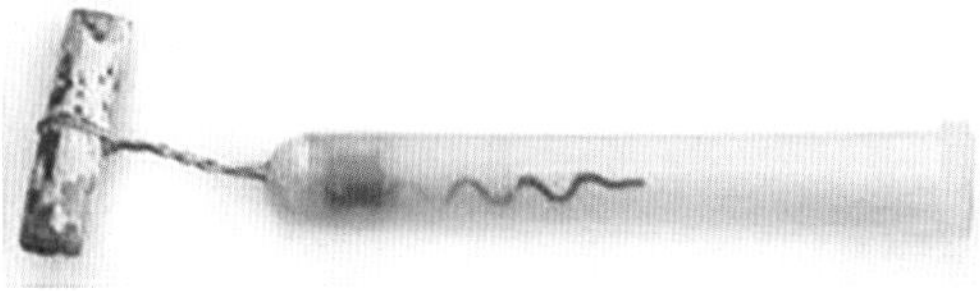

任务实施

① 上图所示物品是否为违禁品？属于哪类危险品？
② 上图所示物品的名称是什么？属于哪类火工品？
③ 在检查中发现此类物品应该如何处理？

任务评价

任务评价表如表 5-3 所示。

表 5-3 《识别常见的火工品》工作任务评价表

班级： 姓名： 学号： 成绩：

测试内容	测试考核要点	分值	扣分	得分
职业素养	仪容仪表规范：发型自然大方；面部不浓妆艳抹，不戴奇异饰物。讲究卫生，仪容整洁	5		
	着装规范：着制式服装，着装整洁，着黑色或深棕色皮鞋	5		
	礼仪规范：面带微笑，表情自然，仪态优美，热情有礼；使用文明礼貌用语，对旅客服务沟通符合语言礼仪规范	10		
图示分析	正确回答危险品类别	30		
	正确回答名称和火工品的种类	30		
	正确回答处理方法	15		
	在规定时间内完成表述，超时扣 2 分	5		
小计		100		

任务三 识别爆炸装置

任务资讯

随着人类社会的不断发展和进步，爆炸犯罪的手段也在不断创新，数字技术和信息技术在爆炸犯罪过程中也得到了广泛的应用。这为我们安全有效及时排除爆炸装置增加了很大的难度，但魔高一尺、道高一丈，只要我们在工作中不断积累经验，掌握爆炸犯罪的新动向，有针对性地进行研究和训练，就一定能把爆炸犯罪造成的影响降到最低程度。

凡是以行凶、破坏为目的而制造的带有起爆系统的爆破器材，国际上统称为炸弹，我们多统称为爆炸装置。

一、爆炸装置的组成

爆炸装置种类繁多，但是通常都由包装物、炸药和起爆装置 3 部分组成。

1. 包装物

包装物通常是用于包装爆炸装置的，不是爆炸装置当中必需的组成部件，但是使用包装物可以增强爆炸装置的爆炸效果。

包装物的作用一方面是为了使爆炸装置得到伪装，便于携带，防水防潮；另一方面可使松散炸药处于集结状态，便于起爆以增大爆破效果，还可以利用包装物产生的碎片提高杀伤力。

（1）包装物的分类。根据包装形式分为外包装物和填充物。

外包装物一般包裹在爆炸装置的最外层，主要目的是伪装、运输和提高杀伤力，如鲜花、蛋糕、灭火器外壳等。

填充物一般是深藏在爆炸装置之中，主要目的是增大威力，如掺铁砂、玻璃碴等。

根据材质不同，又可分为软包装物和硬包装物。

如果包装物只是布、纸、塑料、化学编织物等软质材料，那么该装置爆炸后，只能以高压、冲击波的形式对建筑物和人造成伤害。

如果包装物用玻璃、陶瓷、金属或掺有铁钉、铁砂等锐利物，那么该装置爆炸后，不仅以高压、冲击波的形式攻击目标，而且还以碎片杀伤目标，所以说，硬包装的爆炸装置一般比同等药量的软包装爆炸装置威力大。

（2）包装物的类型。常见的有以下几类。

将爆炸装置隐藏于电子设备里，如剃须刀、笔记本电脑、电话（座机）、便携式 DVD、对讲机、数码照相机、摄像机等；

隐藏于衣物里，如裤子、外套、夹克、登山鞋、凉鞋、厚底鞋、尿布、假发等；

隐藏于箱、包里；

隐藏于信件中，如生日卡（包含在信封里）、文件夹、日历（包含在信封里）、书本（包装好的）、糖果盒、玩具包裹。

2. 炸药

炸药是爆炸装置中提供能量的物质，爆炸装置爆炸后的破坏力大小，主要取决于炸药的种类、质量和数量。

一般在爆炸事件中使用的炸药具有原料易得、便于自己配制和起爆、既有一定威力又有一定安全性等特点。我国爆炸事件中常见的炸药有梯恩梯炸药、硝铵类炸药和黑火药等。

3. 起爆装置

起爆装置是指用各种器材和元件组成，并为起爆药提供一定能量的系列装置，是爆炸的核心部分，也叫起爆器，包括控制系统、火工品和连接系统。

控制系统是指按照使用者的意愿而点火的部件。有明火点燃、电力点火的；有靠压、拉、松的机械触发引信而作用的；有借火药、化学药剂和钟表式等延期引信控制的。

火工品是指控制爆炸系统发生作用后，点燃或起爆炸药。如火雷管、电雷管、导火索、拉火管等。

连接系统是指连接电源的导线将电流传给电雷管；控制发火的拉线、引线在外力的作用下使发火件发生作用，引起爆炸。

爆炸装置的组成请扫描 M5-3 查看。

M5-3 爆炸装置的组成

二、爆炸装置的分类

爆炸装置过去一般都是起爆器先起爆雷管再起爆炸药，或导火索先起爆火雷管再起爆炸药，少部分采用了机械定时器和反移动、反倾斜等诡计装置，现在采用手机、玩具等遥控装置，电子定时装置、光敏控制装置、声音控制装置、反倾斜装置、反移动装置等。

爆炸装置（即爆炸物）的种类很多，性能各异，形状、尺寸和重量等都没有统一的规格。

（一）按使用方式分类

爆炸物可分为延期爆炸物、触发爆炸物、操纵爆炸物、投掷爆炸物和多种发火装置爆炸物五种。

（1）延期爆炸物。需要经过一定的时间自行爆炸的爆炸装置。其中，延期时间准确者，称为定时爆炸物或定时炸弹，既能达到爆炸杀伤特定目标的目的，又有时间逃离现场，使自身不会受到伤害或被抓获。

（2）触发爆炸物。在设置之后，受到外力作用才会引起爆炸。按照爆炸物受外力作用的方式，可分为压发、拉发、松发和反拆卸等多种，如地雷。

（3）投掷爆炸物。直接投向目标进行爆炸的爆炸器材。如手榴弹、手雷等。

（4）操纵爆炸物。预先在目标处设置好，见机操纵起爆的爆破器材。按操纵方式可分为绳索操纵、有线电操纵和无线电操纵等。

（5）多种发火装置爆炸物。在一个爆炸物上安装有多种引信或其他装置的爆破器材。如延期爆炸物上安装有反排除装置，触发爆炸物上安装有遥控爆炸装置等。

（二）按发火机理分类

恐怖分子在世界各地使用自制爆炸装置，从事着罪恶的爆炸犯罪活动，其中使用的起爆装置不计其数，种类五花八门，综合起来，按发火机理分，可分为四大类。

直接点火式：直接用明火点燃火药（或火雷管），继而引爆主炸药。

机械撞击式：靠机械力刺激敏感的起爆药，继而引爆炸药。

化学起爆式：用化学试剂与炸药发生化学反应引发爆炸。

电起爆式：用电力引爆电雷管，继而引发主炸药。

（三）按制作工艺分类

爆炸物根据其制作工艺也可分为制式与非制式两种。

1. 制式爆炸物

通常情况下，国家军事相关部门统一生产制造的各类爆炸物均属于制式爆炸物，其一般包括转换能量单元（如火帽、雷管）、控制时间单元（如导火索、导爆索）、放大能量单元（如导爆管）等部分。

制式爆炸装置主要按爆炸装置的基本构造、发火原理来分类，主要有：机械发火引信、化学引信和电发火引信等。

（1）机械发火引信

① 压发引信。机械压发起爆是指压盖（压杆、压帽）受到外界压力后，爆炸装置的控制元件失去控制作用，击针在弹簧的张力作用下将爆炸装置起爆。主要有直接触压式、钢珠式和切断销式。

直接触压式：此种引信多为金属材料制成，有保险孔，孔内设有保险销，用以控制击针，当爆炸装置设置好以后，便将保险销去掉，此时引信内的击针只靠弹簧支撑。当引信的顶部受到一定的压力后，击针便撞击火帽打火。

钢珠式：引信体内的上部用钢珠控制，弹簧呈压缩状态，并控制击针不能打火。当压帽或压杆受压后，钢珠便移离原位，使弹簧和击针失去控制，在弹簧张力作用下击针便打火。

切断销式：引信体内有一个易断的保险销，用以控制击针和弹簧不能撞击火帽，当引信的压帽或压杆受到一定压力后，保险销便被切断，使弹簧失去控制而造成击针打火。

② 拉发引信。采用机械发火装置的引信体，其表面有保险孔，孔内有保险销或拉环，当拉力将保险销或拉环拉出时，引信体内的击针就会在弹簧作用下击发爆炸装置。

③ 松发引信。松发结构爆炸装置是指引信体或发火装置在外力作用下处于保险状态，当外力消失时，引信体或发火装置不受控制而使爆炸装置起爆。

主要有控制线式、减压式。

控制线式：控制线与引信相连接，处于拉紧状态，当控制线被剪断后，引信体内的击针便失去控制。

减压式：这种爆炸装置设置后，处于捆绑或挤压状态，使起爆装置不能发火。当捆绑物被解除或将挤压物去掉时，起爆装置的机械体失去束缚或失去压力后便发火。

（2）化学引信。化学延期引信由引信体、酸液玻璃瓶铜管、支撑金属丝、击针、击针簧、火帽和指示保险片等组成，正常状态下，击针被支撑金属丝控制，弹簧呈压缩状态。使用时，用钳子将铜管夹扁，以致玻璃破裂、酸液开始腐蚀支撑金属丝，当支撑金属丝腐蚀很细而不能适应击针簧的张力时被拉断，击针失去控制，冲击火帽而发火。其延长时间的长短，根据所用酸液的浓度和气温而定，延期时间最短的为 3 分钟，最长的可达 23 昼夜。

（3）电发火引信

① 压发电引信。指在压盖（压盖、压帽）受到压力后，将某一导电装置下压，从而接通处于开放状态的电路而产生爆炸。

② 松发电引信。此种起爆装置的电路接点在挤压或拉伸的情况下处于断开状态，当失去挤

压或拉力时，电路则闭合接通。

③ 拉发电引信。通过拉发使电路闭合的发火技术，主要包括开关式、触发式和隔离式。

开关式：主要是指利用灯用拉线盒之类的开关装置使电路处于开放状态，在受到拉力后，开关闭合，电路接通。

触发式：是指在电路的回路中使用两个触点，其中一个触点是固定的，而另外一个触点是活动的，且与拉线相连，当拉线受到拉力作用后，两个触点接触，电路接通。

隔离式：是指电路的两个接点之间夹有绝缘物，该绝缘物与拉线相连，拉线受到外力作用，绝缘物被拉走，电路接通，爆炸装置起爆。

2. 非制式爆炸物

非制式爆炸物也可称为自制爆炸物，此类爆炸物往往设有压、拉、松、定时、反拆卸、反搬运等诡计装置，伪装巧妙，防范起来有一定的难度。从制作来讲可分为两类：一类是利用制式的枪（弹）、炸药、雷管等做成，另一类是因地制宜，就地取材制作的。常见的有书本炸弹、电筒炸弹、钟表定时爆炸物、收录机爆炸物和瓶子自制爆炸物等。

（1）书本炸弹。将一本书中间挖空，安装上电池、雷管、弹簧圈及炸药，装上松或拉发引信，当打开书封面时它便爆炸。

（2）电筒炸弹。一种是电点火，将电池和电雷管连接在电筒开关上，装上炸药，推电筒开关时便爆炸。另一种是点火引爆，是在电筒内装上炸药、导火索，打开电筒的反光镜，用火柴可点燃导火索进行爆炸。

（3）钟表定时爆炸物。将两块导电金属片和钟表固定在一块木板上，两块金属片分别接通电池及雷管，并连接装药。用一根细绳捆结一块金属片和钟表的上闹铃发条的旋钮，拉紧绳子，两块金属片相接导电而引起爆炸。

电点火引爆时，爆炸物线路的一端接在闹钟壳体上，另一端连接在闹钟的闹铃发条旋钮上或闹钟上，当闹钟响铃时，两端接通，产生爆炸。

（4）收录机爆炸物。电雷管分别与录放音头上的电极片、机体内的水银开关、机盖上的反拆卸电开关连接在一起。机体内装有电池供收录机播放广播和起爆电雷管，当录音胶带放完，打开机盖或搬动机体造成倾斜时，均会沟通电路而引起爆炸，见图 5-3。

图 5-3　收录机爆炸物

（5）瓶子自制爆炸物。瓶内装有液体炸药，将拉发摩擦引信连接在木塞上，开瓶子时引起爆炸。

制造非制式爆炸物可利用的东西很多，如水壶、食品铁皮盒、烟斗、钢笔等。在检查中要特别注意非制式爆炸装置的处置方法。

机场安全检查人员要熟悉各种各样爆炸物的材料、起爆装置和工作结构，深度学习爆炸装置的识别分类方法，及时发现和控制违法犯罪活动。

工作任务

识别爆炸装置

任务准备

请仔细观察图片，回答下述问题。

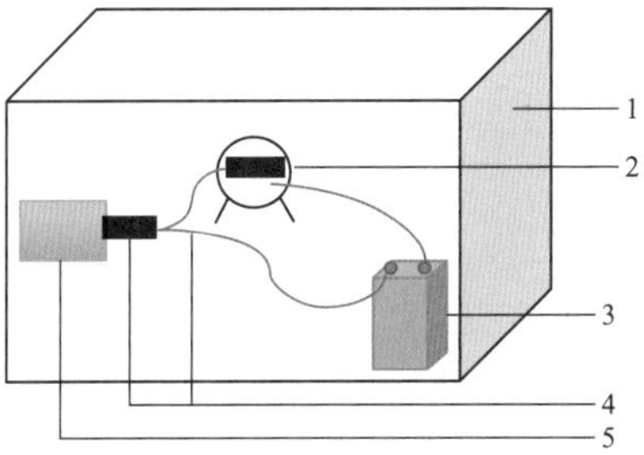

任务实施

① 上图所示装置的名称是什么？
② 上图所示装置中序号 1 ～ 5 分别指什么？
③ 在检查中发现此类物品应该如何处理？

任务评价

任务评价表见表 5-4。

表 5-4 《识别爆炸装置》工作任务评价表

班级：　　　　姓名：　　　　学号：　　　　成绩：

测试内容	测试考核要点	分值	扣分	得分
职业素养	仪容仪表规范：发型自然大方。面部不浓妆艳抹，不戴奇异饰物。讲究卫生，仪容整洁	5		
	着装规范：着制式服装，着装整洁，着黑色或深棕色皮鞋	5		
	礼仪规范：面带微笑，表情自然，仪态优美，热情有礼。使用文明礼貌用语，对旅客服务沟通符合语言礼仪规范	10		
图示分析	正确回答装置名称	20		
	正确回答装置部件名称，每错一项或少一项扣 1 分	25		
	正确回答处理方法	25		
	在规定时间内完成表述，超时扣 2 分	10		
小计		100		

项目评价

一、单项选择题

1. 猛度主要取决于炸药的（　　）。

A. 爆速　　B. 密度　　C. 爆温　　D. 爆容

2. 烟花中常用的发射药是（　　）。

A. 雷汞　　B. 氮化铅　　C. 黑火药　　D. 猛炸药

3. 工业炸药的主要原料是（　　）。

A. 黑火药　　B. 黑索今　　C. 硝酸铵　　D.TNT

4. 黑索金炸药的外观颜色为（　　）。

A. 黑色　　B. 白色　　C. 黄色　　D. 绿色

5. 梯恩梯炸药的外观颜色为（　　）。

A. 黑色　　B. 白色　　C. 黄色　　D. 绿色

6. 导爆索药芯和雷管的加强药是（　　）。

A. 黑火药　　B.TNT　　C. 黑索今　　D. 硝化甘油

7. 起爆药中感度最大的一种炸药是（　　）。

A. TNT　　B. 雷汞　　C. 硝铵炸药　　D. 黑索金

8. 国产雷管主要用的起爆药是（　　）。

A. 二硝基重氮酚　　B. 黑火药　　C. 雷汞　　D. 氮化铅

9. 黑火药中的氧化剂是（　　）成分。

A. 硝酸钾　　B. 硫黄　　C. 木炭　　D. 石蜡

10. 下列火工品中属于引燃火工品的是（　　）。

A. 导火索　　B. 导爆索　　C. 火雷管　　D. 电雷管

11. 导爆管内壁涂有薄层（　　）。

A. 油漆　　B. 猛炸药　　C. 起爆药　　D. 涂料

12. 导火索外观为（　　）。

A. 绳索状　　B. 线状　　C. 圆柱状　　D. 条状

13. 导火索的药芯是（　　）。

A. TNT　　B. 硝铵炸药　　C. 黑火药　　D. 黑索金

14.（　　）是装有火工药剂，在很小的外界能量激发下，一次性燃烧或爆炸后，释放出大功率能量，起引燃、引爆或特种效应作用的元件或装置。

A. 火工品　　B. 爆炸品　　C. 易燃物品　　D. 易爆物品

15. 点火器材的火工品有火帽、（　　）、导火索和点火具等。

A. 拉火管　　B. 电雷管　　C. 导爆索　　D. 火雷管

16. 拉火管的用途是点燃（　　）。

A. 导爆管　　B. 导爆索　　C. 导火索　　D. 雷管

17.（　　）的作用是使松散炸药处于聚集状态，并起到防水防潮的运输作用。

A. 包装物　　B. 炸药　　C. 起爆装置　　D. 起爆器

二、判断题（正确的打“√”，错误的打“×”）

1. 制式爆炸装置主要从爆炸装置的基本构造、发火原理来分类，主要有机械发火引信装置、化学引信和电发火引信等。（　　）

2. 压发电引信是在压盖（压盖、压帽）受到压力后，将某一导电装置下压，从而接通处于开放状态的电路而产生爆炸。（　　）

3. 松发电引信是起爆装置的电路接点在挤压或拉伸的情况下处于断开状态，当失去挤压或拉力时，电路则闭合接通。（　　）

4. 拉发电引信是通过拉发使电路闭合的发火技术，主要包括开关式、触发式和隔离式。（　　）

5. 常见的制式爆炸装置有书本炸弹、电筒炸弹、钟表定时爆炸物、收录机爆炸物和瓶子自制爆炸物等。（　　）

三、简答题

1. 爆炸装置的组成部分有哪些？

2. 爆炸装置中的包装物有何作用？

3. 常见的爆炸装置的包装物有哪些？

4. 炸药在爆炸装置中的作用是什么？

M5-4 参考答案

项目六 防爆安全检查

学习目标

能力目标

（1）能区分防爆器材的种类。
（2）能用防爆安全检查技术方法识别爆炸物。
（3）能对旅客人身及随身物品进行安全检查。
（4）能按照防爆安全检查岗位的文明服务规范执勤。

知识目标

（1）了解防爆器材的种类。
（2）了解安全检查器材的种类。
（3）掌握防爆安全检查技术方法。
（4）掌握防爆安全检查岗位的工作职责。
（5）掌握旅客人身及随身物品的安全检查。

素质目标

（1）培养学生爱岗敬业、文明服务、求实创新的职业素养。

（2）树立风险忧患意识、安全责任意识，培养学生正确运用科学的研究方法。

（3）培养学生敬畏职责的基本素质，具有家国情怀。

任务一 认识防爆器材

任务资讯

案例引导

伊宁机场加大安检力度 使用痕量爆炸物探测仪

2013年1月18日12时，伊宁（那拉提）机场为确保航空器和乘机旅客的生命安全，根据民航局要求，全面提升安全检查级别。进入候机楼的旅客必须在门口进行第一次安全检查。对所有登机旅客携带的行李物品实行防爆安全检查，机场在候机楼大门口摆放1台爆炸物品探测仪，使用该探测仪对旅客的箱包进行检测，仅需8秒就能做出准确的判断。

来源：王娇.伊宁机场加大安检力度 使用痕量爆炸物探测仪[N].中国民用航空网，2013-01-23.

请问爆炸物品探测仪属于防爆器材中的哪一类？

我们要时刻保持警惕不放松，将安检“常态化”和“细致化”，力争防患于未然，不给“心存不良者”以可乘之机，从而有效地防范和阻止武器、炸药、违禁品和威胁物进入安全区域，避免爆炸、劫持等恐怖事件的发生。

目前，防爆安全检查器材可细分为安检类、处置类、防护类、储运类器材。

一、安全检查器材

安全检查器材（以下简称“安检器材”）是防爆安全检查专业人员对检查目标（人、物、场所）实施安全检查时使用的专业器材。

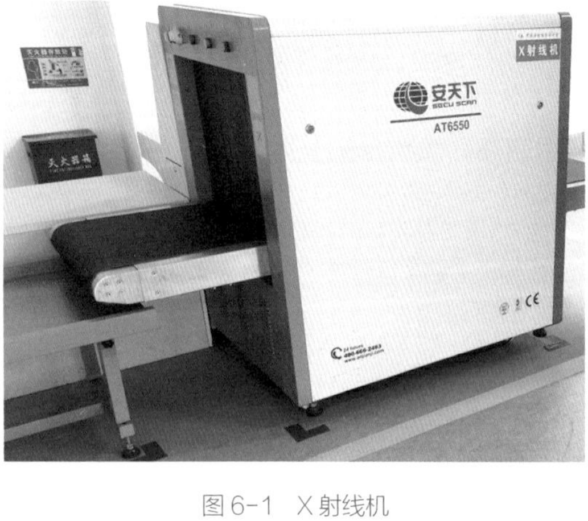

图6-1 X射线机

最常用的安检仪器有X射线机、通过式金属探测门（也称安全门）和手持金属探测器（也称手探）3类，分别是对旅客的行李物品和人身进行检查，从而判断旅客是否藏匿有危害航空安全的违禁物品，在安全检查工作中发挥了重要作用。随着科技的发展，诸如液体检查仪、爆炸物探测器、毫米波人体安检仪等新式设备均已逐步投入实际应用中，发挥着重要作用。

1. X射线机

X射线机广泛应用于机场的安全检查，如图6-1所示。

X 射线机的安全检查借助于传送带将被检查行李送入履带式通道完成。行李进入通道后，将装在入口处的光电开关触发，系统自动产生 X 射线。扇形 X 射线束穿透传送带上的行李物品落到 L 形探测器上，探测器把接收到的 X 射线变为电信号，这些很弱的电流信号被直接量化，传送到计算机做进一步处理，经过复杂的运算和成像处理后得到高质量的图像。

2. 通过式金属探测门

通过式金属探测门是一种检测人员有无携带金属物品的探测装置，又称金属探测门，如图 6-2 所示。

当被检查人员从金属探测门通过，人身体上所携带的金属超过根据重量、数量或形状预先设定好的参数值时，金属探测门随即报警，并显示造成报警的金属所在区位，使安检人员可以及时发现此人随身携带的金属物品。

通过式金属探测门的工作原理：金属探测门在工作时，设备发出的一连串脉冲信号产生一个时变磁场，该磁场对探测区中的导体产生涡电流，涡电流产生的次级磁场在接收线圈中产生电压，并通过处理电路辨别是否报警。

这种方法常用于检查旅客身上是否含有违禁物品。人体上有很多部位可以藏物品，特别是生理结构中一些凹进去的部位。若旅客身上带有金属物品，通过金属探测门（也称安全门）时，会立即发出报警信号。由于不少违禁物品为金属材质，若旅客携带或藏匿于身上则必然报警，此时安检员须持有手持金属探测器对旅客人身进行进一步检查。

3. 手持金属探测器

手持金属探测器（图 6-3）一般与金属探测门配合使用。而手持金属探测器的原理与金属探测门相似，一旦探测到金属也会立即报警进而查获金属违禁物品。

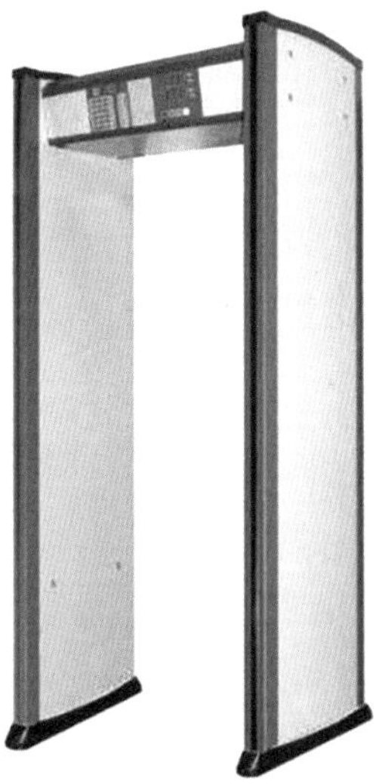

图 6-2　金属探测门

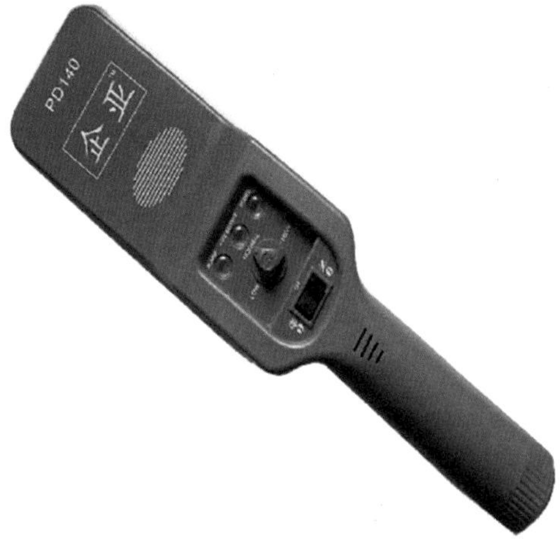

图 6-3　手持金属探测器

手持金属探测器的工作原理：正常时手持金属探测器产生恒频率磁场，灵敏度调至中心频率。当探测器接近金属物品时，磁场受干扰发生变化，频率漂移、灵敏度变化，发出报警信号。探测器离开金属物品，灵敏度恢复恒定频率，报警信号解除。

4. 爆炸物探测仪

很多化学物质会散发出蒸气或颗粒，这些蒸气或颗粒会被与之接触的材料（衣服、行李、皮肤、容器、纸张等）表面吸附或黏附。犯罪嫌疑人接触过炸药或毒品后，在手的皮肤上会沾有这些炸药或毒品的微小颗粒。当嫌疑人在接触其他物质时，如箱子、包裹或衣服，通过指纹将微粒污染到这些物质的表面。

在常温下，这些微小颗粒会自然挥发出蒸气，检测人员通过取样工具，在这些物质表面采集这些微小颗粒或蒸气，利用爆炸物检测仪进行分析。所收集的样品被加热变成气体，汽化后的样品与放射源发出的离子碰撞后变成带电离子。这些离子在电场作用下“漂移”，速度取决于离子的大小和结构。每种离子都有一个特征漂移速度，该速度就像指纹一样，可用来识别产生每种离子的原始物质。

图 6-4　便携式爆炸物探测仪

由于爆炸物探测仪的灵敏度极高，只要有任何蛛丝马迹即可发现并报警，如图 6-4 所示，即为一款便携式爆炸物探测仪。

爆炸物探测仪可检测到的物质包括如下几类。

（1）爆炸物类。如各种军用、民用和土制炸药等，如黑火药（Black Powder）、硝酸铵（AN）、梯恩梯（TNT）、二硝基甲苯（DNT）、三硝基苯甲硝铵（Tetryl）、太安（PETN）、无烟火药（Gun Power）、NG 炸药、黑索金（RDX）、Semtex 炸药、C4 等。

（2）毒品类。如可卡因、海洛因、吗啡、安非他命、四氢大麻酚、脱氢麻黄碱冰毒、摇头丸等。

（3）可根据需要添加新样本。爆炸物探测仪可用来阻止毒品运输，可对怀疑是爆炸物或违禁药品的未知成分物质进行识别，可检查货物、邮件及行李中是否有爆炸物或违禁药品。

5. 毫米波人体安检仪

毫米波人体安检仪是一款对人体进行安全检查的新型设备，可以对藏匿于身体上或衣服下的金属或非金属的枪支、刀具、炸药、毒品等违禁品实现智能识别，及时定位违禁品位置及大小等信息并报警。

毫米波人体安检仪利用微波装置发射毫米波，对人体进行扫描检查。由于波长为毫米级别的波，能够穿透人体衣物，但不能穿透皮肤，因此对人无害。安检仪在接收到反射波后，几秒钟内就在计算机终端上建立一个三维人体扫描图像，随后图像被传输至附近安检室中的计算机终端上，安检员对之进行处理和分析。利用这种方法可以让安检人员透过旅客衣服发现藏在其中的各种违禁物品。

然而，由于公众普遍担心扫描图像流出而泄露个人隐私，加之该仪器的维护保养成本较高，此项技术在投入使用过程中也颇有争议，其得到全面推广还有很长一段路要走。

确保安全是防爆安全检查的宗旨和根本目的，安检员必须以对国家和乘客高度负责的精神，坚守“疑点不排除，不予放行”的原则，来保障空防安全。

二、处置器材

处置器材是专业防爆 / 排爆人员在现场处理排除爆炸装置时使用的专用器材，主要包括排爆专用工具组、排爆杆、爆炸物销毁器、排爆机器人等。

1. 排爆专用工具组

排爆专用工具组是用于安全破拆爆炸装置的组合工具，是排爆专家在处理危险物、爆炸物时所使用的各种工具及器材。

其中，无磁工具组是排爆人员用来拆解可疑爆炸物的必备工具，采用无磁材料铜铍合金制造，以免由于磁性引起火花；配有各种常用无磁工具，用于爆炸物的拆除工作。

绳钩组是排爆人员在处置爆炸物时最理想的处置器材。它避免了排爆人员与爆炸可疑物的直接接触，通过远距离操作对爆炸可疑物进行转移和鉴定，从而有效地保证了排爆人员的安全。

2. 排爆杆

排爆杆是由机械手、机械杆、控制系统和手部防护板组成，是在没有机器人的情况下，转移爆炸装置的最佳工具，适用于各种地形及复杂场所。其作用是使排爆人员与爆炸物保持一定距离，对爆炸物进行抓、拿、剪等作业。

3. 爆炸物销毁器（又叫水枪、水炮）

爆炸物销毁器俗称水枪或水炮，通过发射高速水流近距离分解爆炸装置，安全地排除爆炸物隐患，是一种最新研制、目前威力最大、配有多弹种的、可自由调节枪口高度的38mm口径爆炸物销毁器。用于破坏各种简易包装、不宜由人员直接拆除的危险品和爆炸品。爆炸物销毁器由枪身、支架、电发火装置组成，可根据不同情况发射水、金属弹等不同弹种。

爆炸物销毁器选择发射不同的弹药，可分别穿透厚度40mm以下的木材包装物、厚度3mm以下的钢板包装物以及各种锁具等远距离实施发射，最大限度地保证排爆人员的安全。

4. 排爆机器人

排爆机器人，是排爆人员用于处置或销毁爆炸可疑物的专用器材，可以避免不必要的人员伤亡。它可用于在各种复杂地形进行排爆。主要应用包括：代替排爆人员搬运、转移爆炸可疑物品及其他有害危险品；代替排爆人员使用爆炸物销毁器销毁炸弹；代替现场安检人员实地勘察，实时传输现场图像；可配备霰弹枪对犯罪分子进行攻击；可配备探测器材检查危险场所及危险物品。

排爆机器人具有出众的爬坡、爬楼能力，能灵活抓起多种形状、各种摆放位置和姿势的嫌疑物品。可远距离连续销毁爆炸物。还标配可遥控转动彩色摄像机，确保观察无死角。排爆机器人外形酷似火星探测机器人，它的结构十分紧凑，车轮外覆盖着抓地履带，移动非常迅速。

排爆机器人的身上带有摄像头，这就是它的“眼睛”。机器人通过“眼睛”把看到的现场传输到遥控装置的液晶显示屏上，操作人员根据显示屏上的情况进行操作。排爆机器人还配有红外线夜视系统，可以在夜间进行排爆。通过对遥控器上各种按钮的操纵，机器人张开“手掌”将模拟爆炸物抓起，快速地运送到排爆罐中。

三、防护器材

防护器材是防爆/排爆人员在爆炸现场对人和物进行防护的专用器材。主要包括排爆服、防爆毯、排爆频率干扰仪等。

1. 排爆（搜爆）服

排爆服是排爆专家去排除爆炸物或可疑爆炸物时穿着的服装。排爆服应具备防爆炸破片、防冲击波、防光波、防火焰速燃、防超压等对人体造成伤害的功能，对排爆专家进行全方位保护的特殊服饰。其头盔里，装有智能型电池驱动电源系统和排风系统，还有智能式声音放大器及巨响防护装置。

排爆服配置的透明防弹玻璃和胸腹部、裆部的高级别防弹插板面积很大，有很强的防冲撞能力，爆炸时使人体关键部位免遭伤害。排爆服背后有防冲击软垫，配备免持耳罩、口罩，能最大限度地保护穿着者的生命安全，防止受内伤。

2. 防爆毯、防爆围栏

防爆毯外观为毛毯状，当防爆毯苫盖在炸弹上时，能防止炸弹爆炸后弹片的飞散，同时减弱爆炸冲击波的杀伤力，具有质轻、携带方便、操作简单、抗爆性强等特点，设计抗爆能力一般在1kg 以下 TNT 炸药。防爆毯可有效防护爆炸物产生的冲击波和碎片，可以避免或减轻对周围人员、贵重仪器、文物档案和特殊公共场所的损坏，主要用于临时隔离爆炸物、临时储存及处置爆炸物品，是防爆安全检查部门必备的装备。

防爆围栏与防爆毯配合使用，形状为筐栏状，主要用于放置爆炸物或炸弹。防爆毯和防爆围栏如图 6-5 所示。

图 6-5 防爆毯、防爆围栏

3. 排爆频率干扰仪

该设备采用数字调制干扰技术，通过发射大功率多频段无线电波进行无线电信号屏蔽、覆盖，从而阻断或干扰移动电话、传呼机或其他无线通信设备的信号，实现对遥控炸弹的频率干扰，使无线遥控爆炸物无法引爆。排爆频率干扰仪的工作频段宽，大到电视信号，小到玩具车，所有信号都可以屏蔽；比较适合用于重要会议会场的保密工作以及排爆人员转移或处置可疑爆炸物品过程，具备干扰控制范围大、工作时间长等优点。

四、储运器材

储运器材是指专门用来临时储存和运输危险爆炸物的器材，主要包括各种类型的防爆罐、防爆球、防爆拖车等。下面我们介绍比较常见的几种防爆储运器材。

1. 防爆罐

防爆罐一般为开口向上的圆筒状，如图 6-6 所示。如在罐内发生爆炸，所有碎片、冲击波等均被封闭在罐内，不会对周围环境造成任何危害，罐体可反复使用。目前在火车站口、地铁站口、飞机场安检口等处均有设置。

防爆罐的使用注意事项如下。

（1）对防爆罐进行正确的操作，可保护人身、财产安全，但如在室内使用，一旦爆炸，仍会造成天花板、门窗、玻璃、吊灯以及其他物品震坏而伤人，因此应注意避开这些部位。

（2）防爆罐虽有一定消声性能，但在近距离和室内爆炸，声音仍较大，应注意拉开距离，保护耳膜。

（3）注意不要把防爆罐放在承重梁和圆孔板下以及其他不坚固结构棚顶下，也不要放在承重墙（柱）旁。

（4）防爆罐应放在安全检查场所附近，以利于发现爆炸装置后能尽快投入其中。加上抗爆盖后使用所附 10m 尼龙绳，挂在罐环上拉向室外，不要人推。因此，要选择一条近而无障碍的通道，不能从阶梯上向下拉，防止罐倒伤人。

（5）发现爆炸装置后，应由有经验的授权人员将爆炸物用手轻拿轻放，放入罐内，同时，要立即躲开，特别注意避开头部。要注意疏散群众。

（6）“组合抗爆盖”可根据当地条件，放在罐上方，也可放在罐旁（不能被人拿走或损坏），以利于在放入爆炸装置后能尽快盖好。放置抗爆盖的正确方法是双手拿两条带（或边），让抗爆盖能挡住操作人员的头、胸和手，然后迅速放在罐上躲开即确保安全。同时，注意抗爆盖有“上”字面应向上。

2. 防爆球

防爆球是在球体的下方安装有四个脚轮，可在平坦的地面推移，特别适合安放在人群聚集的机场、车站、各种场馆等公共场所临时储存爆炸物品（图 6-7）。防爆球是密封式的容器，经过大量的试验证明具有极强的抗爆能力，爆炸物品即使在罐内爆炸，所产生的冲击波和碎片被阻隔在球内，对周围的人员和环境会起到很好的保护作用，有效地防止爆炸事件的发生，抗爆当量可达 2kg TNT，排爆完全，无需人员近距离操作，但操作不方便，价格较贵。

图 6-6　防爆罐

图 6-7　防爆球

防爆球的使用方法如下。

（1）防爆球运输到目的地后，开启球盖，进入工作状态。

（2）用机械手、排爆机器人或其他方式将可疑物放入防爆球内，关闭防爆球盖，然后将防爆球移至安全区域。

（3）当防爆球被移至安全区域，需要将可疑物从防爆球中取出时，需疏散围观人员，用遥控器或手动控制器打开球盖，用专用工具从防爆球中取出可疑物进行处理。

（4）当需要销毁爆炸物时，将雷管（起爆药）导线从盖子上的泄压孔中同爆炸物相连，在人员撤到安全地域后引爆。

图 6-8　防爆拖车

（5）当使用防爆球发生一次或多次爆炸后，如出现下列现象之一时不得继续使用该防爆球：球体存在明显变形；出现通透裂纹和孔洞；法兰鼓起幅度大于 2mm。

3. 防爆拖车

防爆罐和防爆球由于是固定式的，只能放置于某一地区，不方便移动，因此人们为这些固定的防爆储存器材设计了“专用车辆”，这就是防爆拖车。防爆拖车的主要作用是帮助人们把防爆储存器材安全转移到其他场所，进行进一步的防爆 / 排爆工作，如图 6-8 所示。

由于爆炸事件制造者掌握的技术和工具越来越先进（如可塑炸药、塑料枪、高精度炸弹等），各国防爆安全检查研究部门都在探索研究更先进的安全检查新技术、新设备，求实创新，才能更高效地进行防爆安全检查。

工作任务

识别防爆器材

任务准备

请仔细观察图片，回答下述问题。

任务实施

① 上图所示防爆器材的名称是什么？属于何种类别？
② 上图所示防爆器材的用途是什么？
③ 如何正确使用上图所示防爆器材？

任务评价

任务评价表如表 6-1 所示。

表 6-1 《识别防爆器材》工作任务评价表

班级：　　　　姓名：　　　　学号：　　　　成绩：

测试内容	测试考核要点	分值	扣分	得分
职业素养	仪容仪表规范：发型自然大方；面部不浓妆艳抹，不戴奇异饰物。讲究卫生，仪容整洁	5		
	着装规范：着制式服装，着装整洁，着黑色或深棕色皮鞋	5		
	礼仪规范：面带微笑，表情自然，仪态优美，热情有礼；使用文明礼貌用语，对旅客服务沟通符合语言礼仪规范	10		
图示分析	正确回答器材名称	15		
	正确回答防爆器材种类	20		
	正确回答器材用途	20		
	正确回答器材使用方法	20		
	在规定时间内完成表述，超时扣 2 分	5		
小计		100		

任务二
选择防爆安全检查技术方法

任务资讯

防爆安全检查是指在一些特定场所，为了保障安全进行的有针对性的，依靠专门设备对人、物品或者活动场所进行安全检查的活动。

目前的防爆安全检查方法主要包括 3 种方法，分别是人工直观检查法、仪器检查法和生物检查法。

一、人工直观检查法

人工直观检查法是通过人的感官，利用看、摸、闻、烧等，经过思维判断，直接对爆炸物进行外观、气味和燃烧性能识别的一种方法。这种方法发现率高，工作效率低，在被检测物品较少或者需要进一步做重点检查时使用。

1. 外观识别法

炸药的形态、颜色 、气味等方面都有一定特征，识别时先将可疑物品与同类物品作比较，检查有无相似之处。但要注意在使用外观识别法时，严禁用嘴品尝。某些爆炸品不仅具有爆炸性能，还可具有毒性，因此避免与食物接触，更不能用嘴去尝，以免引发中毒。

外观识别法的具体步骤如下。

（1）看。由表及里、由近及远、由上到下无一遗漏地观察，识别、判断可疑物品或可疑部位有无暗藏的爆炸装置。

（2）听。在寂静的环境中用耳倾听是否有异常声响，比如，定时炸弹就比较好识别。

（3）摸（捏）。通过手感判断，重点部位是否藏有爆炸物，必要时可借助棍、棒间接感觉。

（4）掂（称）。装有爆炸物的物品，其重量一般与同类物品有一定差别。在掌握了标准物品重量的情况下，可以通过掂（称）被检查物品的重量是否有偏差来判断是否为爆炸物。判断时还可以借助器材如弹簧秤、天平等实施。

此外，表 6-2 中所列为爆炸品的危险性标签，若在现场发现则应高度警惕。

2. 燃烧识别法

大多数炸药、火药在燃烧时都各有特征。燃烧识别法就是利用有些炸药可以直接点燃的特

表 6-2　爆炸品的危险性标签

标志名称	类项号	危险性标签	标志特点
爆炸品	1.1 1.2 1.3		符号：黑色 底色：橘黄色

续表

标志名称	类项号	危险性标签	标志特点
爆炸品	1.4		符号：黑色 底色：橘黄色
爆炸品	1.5		符号：黑色 底色：橘黄色
爆炸品	1.6		符号：黑色 底色：橘黄色

点，在确定可疑物品后，根据其燃烧的程度、状况（火焰、颜色、炽热程度、残渣等情况），识别是否是炸药或者是哪一种炸药而采取的方法。燃烧试验时，炸药、火药的数量不能过多，以免发生危险，一般应该控制在 1g 左右。

其具体方法步骤如下。

首先从可疑物品中取少许样品，以 0.5g 为宜。然后将样品用纸包起来，点燃后退 3 ～ 5 步观察。如果发生爆炸则是感度敏感的起爆药，不同的炸药有不同的燃烧特征，根据其燃烧特征就可以判明是否是炸药或者是哪一种炸药。

如硝铵类炸药不易点燃，用明火点燃时只熔化不燃烧，数量稍大时可以缓慢燃烧，但离开火源就熄灭；又如黑火药极易点燃，但水分达到 15% 时则难以点燃，黑火药燃速很快，并带有“轰”的巨大声响，立即燃尽，冒白色烟，燃烧后几乎不留残渣。再如梯恩梯容易点燃，刚点燃时如同松香，先熔化，然后缓慢燃烧，火微带红色，冒黑烟，并伴有线头状的黑色烟丝，在火焰上方徐徐漂浮，燃烧终止后，留有黑色油状残渣。常见炸药的燃烧情况见表 6-3 中所列。

表 6-3　常见炸药的燃烧情况

炸药名称	燃烧情况	炸药名称	燃烧情况
雷酸汞	只燃烧，不爆炸	特屈儿	少量燃烧剧烈，黑烟较少
硝铵炸药	少量燃烧平静而不爆炸	硝化棉	易燃烧，火焰为橙黄色，几乎不变成气体，无残渣
黑索金	燃烧猛烈，产生明亮的白色火焰，无残渣	梯恩梯	少量燃烧平静，产生大量黑烟
太安	少量平静燃烧，火焰明亮而无黑烟	硝化甘油	少量燃烧平静，产生绿色的火焰，并有轻微响声

3. 气味识别法

用鼻嗅闻从被检查物品（特别是液体）中散发出来的气味，判断该气味与被检物品应有的气味是否相符，也是判别可疑物品的一种方法。

有些炸药，特别是自制的纯度不高的炸药，带有较大的气味。如黑火药含有硫黄，会放出臭鸡蛋（硫化氢）味；自制硝铵炸药的硝酸铵会分解出明显的氨水味等。

用气味识别法进行识别的时候一定要注意，对液体进行识别时，不要直接用鼻子嗅液体味道。步骤是：打开容器口后，先用手轻轻地在容器口上方来回扇几下，将气味缓缓扇入鼻子中。因为某些液态爆炸品形成的气体可能具有毒性，直接吸入大量气体可能导致不适，甚至中毒。

利用气味识别爆炸物是手头没有直接检测工具时可以采用的一种方法，这种方法效率比较低，同时有可能对检查人员带来伤害，所以一般情况下不能轻易使用，如必须使用，一定要做好事先的防护准备工作。

人工直观检查法请扫描 M6-1 查看。

M6-1 人工直观检查法

二、仪器检查法

仪器检查法是防爆安全检查中不可缺少的一种方法，也是最为常用的主要方法。利用仪器检查，即便犯罪分子对爆炸物品进行了伪装，也可以在不打开行李或包裹的情况下探测识别出爆炸物品的存在。这种检查方法效率高，且能保证安检人员的人身安全，是目前各国使用比较普遍的检查方法。

目前，爆炸物检测的主要仪器检查法根据所使用的设备不同、利用的原理不同而有很多类。下面我们介绍常见的几种。

1. X 射线透射检测法

X 射线透射检测法是利用 X 射线安全检查设备来进行检测的一种方法。

X 射线透射检测法主要是根据射线强度在穿过物质时被吸收，强度被衰减，衰减强度与射线在每种物质中的衰减系数及被探测物质的密度、厚度有关，依据投影图像的深浅、形状来判断被检测物体中是否有枪支、弹药等危险品。同时我们还可以利用一些技术对不同深浅的图像进行颜色定义，从而方便判定物品属性。例如一个装有金属物品（例如枪支）和普通衣物的行李箱，由于其中物品的密度不一样，在通过 X 射线安全检查设备时，形成的图像颜色也不一样，通过对颜色轮廓的比对判断，可以发现行李箱中隐藏的违禁物品。

X 射线透射检测法对于不同大小、厚度和密度的被检测物体，要求射线源的强度是不同的。对于机场旅客携带的小型包裹、箱子、邮件等物品的检测，低能射线源就够了。而应用于海关大型集装箱的检测系统，要求比较强的射线源，因为被检测的大型集装箱内较厚的物体可能使一般射线不能穿透，或者勉强穿透后射线强度变得非常弱，探测器无法探测到信号。因此应用于大型集装箱的 X 射线安全检查系统，一般要求射线源能量略高。

（1）X 射线机图像颜色的含义如下。

红色或黑色——非常厚、X 射线穿不透的物体。

橙色——有机物（食品、纸张、塑料、炸药、毒品等原子序数小于 10 的物质）。

绿色——混合物（有机物与无机物的重叠部分和原子序数 10 至 18 的物质）。

蓝色——无机物（重金属、原子序数大于 18 的物质）。

（2）呈不同颜色物质举例

① 透过 X 射线呈橙色的常见物品举例如表 6-4 所示。

表 6-4　透过 X 射线呈橙色的常见物品表

物质	化学分子式	物品举例	物质	化学分子式	物品举例
水	H_2O	饮料、茶水、牛奶	甲基苯丙胺	$C_{10}H_{15}N$	冰毒、摇头丸、麻古
酒精（乙醇）	C_2H_5OH	酒，医用酒精	2,4,6- 三硝基甲苯	$CH_3C_6H_2(NO_2)_3$	TNT 炸药

② 透过 X 射线呈绿色的常见物品举例如表 6-5 所示。

表 6-5 透过 X 射线呈绿色的常见物品表

物质	化学分子式	物品举例	物质	化学分子式	物品举例
铝	Al	摩丝瓶、铝制易拉罐	硫	S	硫黄、黑火药
二氧化硅	SiO_2	玻璃制品、玻璃瓶	氯化钠	NaCl	食盐

③ 透过 X 射线呈蓝色的常见物品举例如表 6-6 所示。

表 6-6 透过 X 射线呈蓝色的常见物品表

物质	化学分子式	物品举例
铁	Fe	刀具、金属眼镜盒
镍	Ni	镍氢电池
铜	Cu	充电器电线、铜壳打火机

2. 喷显法或溶液实验

（1）喷显法。喷显法是指将化学制剂喷洒在被检物品上，通过其化学显色反应或透明处理来判断是否存在爆炸物品。这种方法具体可分为以下两类。

① 产生化学显色反应，通过颜色比对判断其是否有炸药成分以及是何种炸药。一般喷洒在可疑物品表面或可疑部位。

② 通过喷洒化学制剂对被检物做透明处理，如在邮件上喷洒化学制剂，使邮件变透明，可以看出里面是否有爆炸装置。但这种方法涉及隐私权，有其局限性。

（2）溶液试验。溶液试验指通过用水浸泡或加入其他化学试剂进行溶解，从溶液判断是否有炸药成分以及是何种炸药。这种方法费时，因而一般不采用，但可以作为炸药识别的辅助方法。

三、生物检查法

生物检查法是利用动物特殊的嗅觉或者生物对炸药的特殊嗜好来探测识别炸药的一种方法。实践证明，有些动物或生物对炸药有特殊的反应，其辨识能力远远高于人类，甚至比炸药探测器还灵敏。因此人们很早就开始利用各种动物的嗅觉来帮助人们进行危险爆炸物品的识别和检查。可以利用的生物主要包括以下几类。

1. 犬类

为了检测旅客行李中是否带有爆炸物，机场安检部门通常会使用电子金属探测器，或动用警犬。经过特别训练，用犬类来检测爆炸物是最传统的一种方法。在美国，运输安全管理局在“9・11”事件前只有不到 200 只的搜爆犬，“9・11”事件过后，对搜爆犬的需求激增，至 2011 年已扩充至 800 只搜爆犬，它们主要在机场和大众运输系统工作。

狗的鼻子是极其灵敏的，它在逆风条件下能嗅到两三百米外的人体气味，并可同时对多种物质的气味进行区分，在当今世界上这是任何一种仪器都无法取代的。搜爆犬嗅觉特别敏感，当执勤时，无论在哪种场所，也不论是隐蔽埋藏地或正在运输，携带的炸弹或炸药都能被搜爆犬一览无余，及时探测出这些爆炸物品。即使将少量的麻醉药或炸药存放在密封的容器内，只要有百万兆分之一的泄漏，搜爆犬也立即能够发现。

2. 蜜蜂

国际目标安全咨询公司（负责法国奥利机场和戴高乐机场的安检工作）与英国因森蒂内尔生物技术实验室，对蜜蜂检查爆炸物的能力进行了测试。

蜜蜂的嗅觉是其最主要的感觉。在蜂巢昏暗的环境中，蜜蜂彼此间通过释放信息素（嗅觉器官可以感受到的化学物质）进行交流。这种交流过程，使得蜜蜂对周围环境极端敏感。借助于自己的触角，蜜蜂能够感受到空气中飘浮的任何细小微粒。

训练利用的是“条件反射”方法。蜜蜂每嗅出一种产品，人们就给它一些糖。结果，蜜蜂每次感觉到有问题的气味，就会伸出舌头，因为它在等待奖赏。用同样的方法，可以训练蜜蜂识别任何一种气味。

在行李检查处，一名工作人员将一根与一个箱子相连的管子伸进行李箱，箱子里装着三只蜜蜂，它们都受过训练，可以闻出 TNT 的气味。借助一台微型摄像机（可将蜜蜂的头部放大 20 倍），工作人员可以在屏幕上看到这些蜜蜂的反应。如果其中有至少两只蜜蜂伸出了“舌头”，人们可以据此判断是否有爆炸物。

成功查获爆炸品是安全检查人员严格训练的结果，熟练的技能、坚定的信念和严谨科学的专业精神是成功检查的必然要素。只有努力掌握科学的防爆安全检查技术方法，才能有效消除空防安全隐患。

工作任务

选择适宜的防爆安全检查技术方法

任务准备

请仔细观察图片，回答下述问题。

黑火药

① 上图所示物品是否为违禁品？属于哪类危险品？
② 上图所示物品的成分中氧化剂和可燃剂分别是什么？
③ 上图所示物品的燃烧特点是什么？
④ 上图所示物品可以采用哪种防爆安全检查技术方法进行识别？
⑤ 检查方法的原理是什么？
⑥ 检查时应注意什么？

任务评价表如表 6-7 所示。

表 6-7 《选择适宜的防爆安全检查技术方法》工作任务评价表

班级：　　　　姓名：　　　　学号：　　　　成绩：

测试内容	测试考核要点	分值	扣分	得分
职业素养	仪容仪表规范：发型自然大方；面部不浓妆艳抹，不戴奇异饰物。讲究卫生，仪容整洁	5		
	着装规范：着制式服装，着装整洁，着黑色或深棕色皮鞋	5		
	礼仪规范：面带微笑，表情自然，仪态优美，热情有礼；使用文明礼貌用语，对旅客服务沟通符合语言礼仪规范	10		
图示分析	正确回答是否为违禁品	10		
	正确回答危险品分类	10		
	正确回答氧化剂和可燃剂成分	10		
	正确描述燃烧特点	10		
	正确回答防爆安全检查技术方法名称	10		
	正确回答原理	10		
	正确回答注意事项	10		
	在规定时间内完成表述，超时扣 2 分	10		
小计		100		

任务三 实施防爆安全检查

任务资讯

民航旅客及其随身携带或托运的行李物品、航空货物邮件等，都必须进行严格的限制和安全检查。

一、人身及随身物品的安全检查

近年来，国内外利用爆炸物进行恐怖犯罪活动时有发生，爆炸物的伪装越来越多样化，给民航行业的空防安全保障工作带来了极大的挑战。爆炸是国际、国内恐怖分子惯用的手段，具有破坏性强、危险性大、社会影响恶劣、防范难度大等特点，且手段和方式越来越先进、爆炸恐怖活动呈逐年上升趋势。

机场防爆安全检查岗位职责是：

① 负责机场进出港旅客安全检查；

② 负责对旅客携带的行李物品进行探测取样检查；

③ 负责引导旅客接受防爆检查，负责检查区域的秩序维护；

④ 示意旅客等待防爆检查，检测无异常后，放行旅客进入航站楼；

⑤ 负责配合其他岗位人员，对可疑人员及物品进行控制，并引导旅客有序进入。

（一）候机楼出入口防爆安检

当前，国际国内安全形势严峻复杂，空防安全工作面临巨大挑战，机场防爆检查工作常态化、专业化、标准化刻不容缓。

在航站楼入口设置“防爆安检”关口，对客流量大的主要入口除进行防爆检查外，还将加装X射线检查以及安全门，对进出人员的行李和人身进行检查。每个出入口会张贴醒目标识，并有工作人员引导旅客通行，如图6-9所示。

图6-9 候机楼入口处防爆安检

对进入候机楼的旅客、送行人员以及所携带的行李物品都要进行防爆安检，主要针对爆炸物、易燃物，比如说汽油、炸药等物品。旅客进入候机大厅时会有短时间的排队，现在的防爆检测是分组检测，用试纸擦拭行李箱包，一组旅客进来，用一张试纸进行检测，如果没有问题，这组人员可以同时进入，如果发现问题就要重新进行检测，直至排除疑点，以此保障旅客的人身安全。

启动常态化防爆安检程序后，比以往的普通安检多了一道“安全关”。因此旅客通过安检的时间将比以往有所增加，尤其在过检高峰时段，可能会出现排队候检的情况。通常情况下，防爆检查需要旅客等候 1 ～ 2 分钟。

旅客需要更早一些到达机场，为乘机预留充足时间。乘机出行须遵守民航安全检查的相关规定，提前检查并按规定妥善处置随身所带的禁（限）带物品，不要携带火柴、打火机等火种、易燃易爆、各类管制刀具或其他违禁物品乘机，避免因行李中夹带违禁品造成安检时间延长而影响行程，应确保顺利登机。针对携带违禁品等违法行为，公安机关将从严处罚。

防爆检查工作流程如表 6-8 所示。

表 6-8　防爆检查工作流程

程序	动作	语言	
步骤一 问候并提请	1. 向受检旅客问好 2. 提请旅客接受防爆检查	“你好，请接受防爆检查。”	Hello, please receive ETD screening.
步骤二 检查	1. 用样布对旅客行李取样 2. 将样布放入仪器检测	“请稍候！”	Wait a moment, please.
步骤三 特殊情况处理	1. 检测到可疑物品时使用礼貌用语控制好旅客和行李 2. 提请旅客出示登机牌和有效证件 3. 妥善处理可疑物品，登记信息，归还证件	“您的行李需要进一步检查。” “请您出示登机牌和有效证件。” “请稍候。”	Your bag needs to be inspected further. Please show me your valid identification and boarding pass. Wait a moment, please.
步骤四 引导	检查完毕后指引旅客进入下一个流程	“检查结束，请往里走，谢谢。”	You are through now, please go inside. Thank you.

如果旅客不配合防爆技术检测，防爆检查员应该做到以下几点。

① 防爆检查员立即停止检查，迅速进行阻拦，做好解释工作，劝阻旅客配合检查。

② 附近检查员协助进行劝阻，并将情况上报现场值班领导。

③ 若劝阻无效，防爆检查员确保自身安全前提下对旅客进行控制；附近检查员跟踪观察、协助控制，并与现场值班领导保持通话联系；待增援人员到达后，交现场值班领导处理；迅速回到岗位，恢复检查。

（二）通道内的安全检查

案例链接

心系安全，护航“两会”

民航资源网 2018 年 3 月 2 日消息：全国“两会”召开在即，又恰逢“春运”期间。襄阳机场安检站根据公司要求，提升安保等级，精心部署，全面做好空防安全工作。

在候机楼入口处增加设置防爆检测岗位，对进入候机楼的人员及行李进行百分之百的防爆检测，加大对危险品、爆炸品的检查力度，强化旅客的异常行为识别，做到严格检查，不留安全隐患；在安检通道前显示屏上滚动播放违禁品、安全提示等宣传图片，方便旅客在等候过检时能了解更多的安全知识；安检通道内严格执行、从严检查的同时提高随身行李的手工检查率和开包率，并再次对行李进行防爆检测，不放过任何一个安全细节；设备组加强对安检设备的维护保养和安全排查，确保所有设备处于良好的运行状态；宣传报道组坚持每天向中南局报送每日安保信息，做好台账的规范填写；内保方面增派保卫人员，联动机场公安增加巡逻频次，加强巡逻力度，做到能快速有效地处理突发事件；并增派力量加强航空器监护。这些都是襄阳机场安检站力保安全，护航“两会”的有效措施。

在此期间，安检站在出入口摆放了醒目标识，并安排有专人引导旅客快速有序过检，由于防爆检测需要一定的时间，提醒广大旅客留足够时间，提前到达机场，以免耽误行程。对故意携带违禁物品的违法行为，机场公安将严肃处理。

来源：琚龙.心系安全，护航“两会”[N].民航资源网，2018-03-02.

1. 人身及随身物品安全检查的一般方法

人身检查是安检工作中难度最大、任务最重的部分，主要是为了发现爆炸物、易燃易爆物品、管制刀具等禁止旅客随身携带的物品。

人身检查是指对受检查人的身体及随身携带物品的检查，主要目的是通过专业的安检器械，同时配合手工检查，对被检查对象或随身可能携带的危险物品进行检查。

对女性旅客进行检查时，应当由女检查人员进行。有的机场设置女性安检通道，方便对女性旅客的检查。对残疾人士的安全检查，主要是检查他们携带的物品，人身检查过程可适当从简，但对残疾人士乘坐的残疾车辆等应进行正常检查。需要注意的是，无论是用金属探测器检查，还是人工检查，都不要碰触残疾人的伤残部位。

① 对残疾人士进行人身安全检查时，必须安排同性别安检员进行手工检查。检查时尽量不触碰伤残部位，应使用文明用语，同时避免对被检者进行嘲笑、议论等可能引起其不适的言行。

② 如果残疾人士要求进行私下安全检查，安检员应当及时安排其到封闭空间进行检查，及时将此情况上报。

③ 安全检查过程中对有疑点、需进一步检查的残疾人士，经现场值班领导批准，应将其带去封闭空间进行从严检查，检查应由与被检人同性别的两名或两名以上安检员实施。

④ 乘坐轮椅的残疾人士可从安全门一侧通过，接受人身检查。检查时应先进行直接观察，在征得被检人同意后，使用手工人身检查，同时使用爆炸物探测仪器进行检查；残疾人士使用的轮椅应采取手工检查和爆炸物探测相结合的检查方式。首先观察整体外观，看有无可疑的接点（焊点），有无做过其他改动等；其次对轮椅的附兜、靠背前后等进行手工摸查，看有无夹带、藏匿物品；使用爆炸物探测仪对轮椅的把手、靠背（或坐垫）、轮子等部位取样进行爆炸物探测检查，如爆炸物探测检查报警的，按相应规定处理。

人身检查一般需要特别注意一些重点部位，这些部位主要包括臂下两腋、前胸后背、内外衣袋、袖口领口等。

人身检查的基本程序一般遵循“由上到下、由里到外、由前到后”的原则，尤其要注意隐蔽部位，例如女性发髻、绷带、拳头、脚踝等部位。

2. 重点物品的检查

安检人员在检查物品时，遇有可疑情况（例如通过 X 光机时看到无法辨识的可疑物品）或根据工作需要，可以进行开箱（包）检查，但应注意检查时需物品所有者同时在场。一旦检查出违禁物品，安检人员应根据违禁物品的种类、危险程度等情况，迅速报告上级管理部门，同时将携带违禁物品的人员带离现场进行进一步调查，同时妥善管理物品。

对于重点行李物品需要进行手工开箱逐一检查，一般重点行李物品有以下几种可能：

① 公安机关通缉在逃人员、行为可疑分子及在安检现场表现异常的人所携带的物品；

② 声称帮人携带的物品以及外形怪异或藏匿于行李箱包边角不易发现的物品；

③ 用 X 光机无法透视的容器、电器、仪表、瓷器等物品，及因检查图像不清楚而无法判断

其性质的物品；

④ 发现疑似有电池、导线、钟表、粉末状、块状、液体状、枪弹状物品及其他可疑物品时，应通知开箱包检查员进行检查。

发现图像内同时有类似电池、导线和可疑块状物品时，应提示开箱包检查员进行爆炸物痕迹探测、重点检查。

二、场所的安全检查

场所的安全检查也是安全检查的重点内容之一。一般是指对区域内可疑物品或人员进行的安全检查。这里主要介绍飞机客舱的安全检查。

1. 飞机客舱检查的特点

对发生以下情况时，机场公安机关和安检部门可对航空器进行保安检查：航空器停场期间被非法接触；有合理理由怀疑该航空器在机场被放置违禁品或爆炸装置；其他需要进行保安搜查的情形。

飞机客舱的检查是整个飞机检查的重点。由于飞机体积大、客流量大，加之舱内气味复杂，可疑危险品和爆炸物一旦通过安检被带上飞机，具有隐蔽性强、密封性高、危险性大、难于查缉、出现问题很难补救的特点。

2. 飞机客舱安全检查责任

由于空难事故在社会上的影响很大，一旦发生危险会产生难以估量的社会影响。自从美国“9·11”事件之后，各国民航部门对机场安检加大投入力度的同时，也加强了飞机监护人员、航空安全员的防爆安全检查能力。

民用航空器客、货舱装载前的清舱工作一般由航空器经营人负责。必要时，经民航公安机关或安检部门批准，公安民警、安检人员可以进行清舱。

3. 飞机客舱重点部位的检查方法

客舱藏匿爆炸品的部位大致可分为乘务员工作区和乘客主要活动区域。检查客舱时，登机门、厨房、座椅、盥洗室等为重点检查区域。

民用航空器清舱检查的程序为：清查前，由监护小组组长布置任务，明确分工；清查时，应先对民用航空器外部进行观察和检查，对客舱的清查可分别从机头、机尾同时进行，至中部会合；也可以按从机头到机尾或从机尾到机头的顺序进行。对内部各部位的清查可按先低后高的顺序进行。检查的方法是眼到手到，不留任何死角。检查的要求是认真细致，不放过一件可疑物品和可疑现象。清查结束，进入监护位置，直至民用航空器起飞。

（1）对登机门的检查。登机门是飞机上用以提供人员上下及地面勤务保障进出的通道，发生危险时也可作为应急出口。机身两侧还各设有专门应急出口。考虑到舱门的厚度，检查舱门应从舱门的侧面进行检查。然后对手柄处和舱门下方的滑梯进行搜索检查。搜索时应先解除舱门预位开关，应急出口由于封闭性强，一般只需检查每个应急出口的门缝处和应急手柄位置下方的盖板处。

（2）对厨房的检查。对厨房应按照由左到右的顺序开始检查。对每个厨房的烤箱、废物箱、冷藏箱、食品推车、水槽、可供准备和分发食品的储藏空间进行仔细搜索检查。由于厨房的气味复杂，如果使用搜爆犬，应打开厨房上方的通风系统以保持厨房的空气流通，确保检查工作的正常进行。

（3）对客舱座椅的检查。检查客舱座椅首先要了解客舱平面布局，了解舱内共设有多少客舱座椅，根据座椅布局的特点展开搜索工作。检查重点是座椅的桌板、头垫和下方救生衣储存柜。同时，应注意头等舱、公务舱与经济舱不同舱位区的第一排座椅均在扶手内设有辅助桌板，需要特别加以检查。

在搜索时要注意对机舱内小窗的检查。地毯是否有凸起或凹陷的地方也应引起检查人员注意。对于靠近机翼的几排座椅由于位置特殊需要特别重点、详细地检查。

此外，座椅前排设有存放杂志的柜位，一些机型上携带的录像娱乐系统也应该逐个进行检查，并做标记，保证检查工作的安全有序。

（4）对盥洗室的检查。检查盥洗室时必须彻底检查所有部位。因为这是所有乘客都能够到达，而且有隐蔽性的区域。所有的盥洗室设计和尺寸相似，应以抽水马桶、洗漱池下方的可移动舱板、废物箱、行李柜、救生衣存放柜和一个装有两个氧气面罩的顶部隔舱为重点搜索部位。这些地方足以藏入可疑的危险品。由于盥洗室空间小，更需要注意细节检查，比如可以打开盥洗室水龙头，检查储水箱是否有水；同时，洗漱池下方的舱板内、供水管、排水管、热水器等也都是检查重点。

确保对每个死角逐一搜索，一般情况下，可以配合使用安检仪器和设备，例如金属探测器或者搜爆犬。在检查工作开始之前，飞机通常有许多复杂气味，如飞机刚消毒完毕或乘客刚下机不久，应使机内的通风系统处于工作状态或打开所有的登机门，这样可在机舱内造成一定的空气流动，从而有助于提高搜爆犬的搜索能力。

三、邮件的安全检查

邮件是指邮局交给航空运输部门运输的邮政物品，其中包括信函、印刷品、包裹和杂志等。航空邮件应当按种类用完好的航空邮袋分袋封装，加挂“航空”标牌。邮包爆炸装置也是目前世界各国普遍遇到的一种爆炸危险。

1. 邮包爆炸装置

邮包炸弹系将爆炸物伪装隐藏于信件、包裹、书本内，经邮政机关或邮政人员通过快递或货运托运等方式传递至收件人员或机关，当拉动、触发（取决于开关的选择与处置）时，即可引爆达到杀伤破坏的目的。

一般来说，邮包爆炸装置有下列 3 种类型。

（1）信件爆炸装置。通常装药量不会很大，如装药太多，体积过大且过重，易被发现，其引爆开关多用拉发等装置，伪装于信封口及四周，当撕开时触动开关即可引爆，或伪装于信封内，抽出信件时即引爆。

（2）书本炸弹装置。将书本内部挖空，装置爆炸物，使用拉发、松发电线交叉或锡箔装置，当翻开书本时即可爆炸。

（3）包裹爆炸装置。利用包裹将爆炸物置于纸箱或其他容器内，使用拉发、松发、电线交叉或锡箔等装置，当打开包裹时即可爆炸。

2. 邮包爆炸装置的辨识

爆炸装置需要一些基本元件组合而成，因此一般很薄的信件或者邮包藏有爆炸装置的可能性比较低。之所以大型邮包容易成为爆炸装置，是由于邮包体积大，容易伪装隐藏，同时可装入的炸药量也比较多，爆炸产生的杀伤力、破坏力增大。如果发现邮包有以下异常现象，应注意是否内部有爆炸装置。

（1）邮包有油渍或渗漏现象。有些炸药常与油脂混合而成，当此类炸药与包装的纸盒接触，其油质可渗透纸盒而显现出来，在制作过程中，可能在包装纸盒上留下油渍。

（2）气味。火药不仅含有机化合物，同时也含有硝酸基、亚硝酸基、硝基等无机化合物，而各种无烟火药亦均有独特的气味，因此，邮包中若发出类似杏仁、杏仁糖、油脂或其他怪异的气味，是含有可疑爆炸物的迹象。

（3）钟表声响。定时或者延时装置有时也用于邮包爆炸物中，而这种定时装置最常用而且也最容易改装获取的就是钟表定时装置，因此如果听到邮包内有钟表声响，应警惕邮包中是否有定时爆炸装置。

此处特别提及，不明的投递物是指那些发信人地址不详，邮寄对象是一些社会或者政坛重要人士。

3. 邮件的安全检查

邮件的安全检查步骤具体如下。

（1）邮件托运人应主动提交邮政路单，货物安检人员应根据邮政路单对邮件逐一检查。邮件路单是始发站向到达站用飞机运送邮件的交接凭证，在同一航段内部通常用来作为各个环节交接邮件的清单。检查中发现有下列情形之一的可不予受理：缺少相关人员签字的；邮件路单上的内容、项目没有填写全面，字迹难以辨认的。

（2）通过 X 光机图像识别，来判断邮包内是否有危险品和违禁物品，是否有带导线的物品，是否有液体、化学物品或其他禁运物品。

（3）对含有疑似危险品、违禁品或 X 射线无法穿透的邮件，会同邮件托运人开箱检查，退回邮件托运人。

（4）对检查出夹带违禁品或危险品的邮件，应做好记录并移交公安机关处理。

防爆安全检查责任重大，我们唯有严守规章、苦练技能，才能确保空防安全万无一失，为广大旅客的出行提供安全保障。

工作任务

邮件的安全检查

任务准备

以 4 ～ 6 人的小组为单位，复习邮件的安全检查相关内容，并根据查阅的资料把下列内容做成 PPT 的形式。

任务实施

1. 查阅文献，制作 PPT

查找邮包爆炸的案例，将获取的资料进行整理与总结，以小组为单位制作 PPT。

2. 判断邮包爆炸装置的类型

首先对查找的案例进行判断，判断邮包爆炸装置的类型。

3. 阐述邮件的安全检查步骤

将书本的内容形成初步认识，熟悉危险品事故的应急处置程序等相关内容并讨论。

任务评价

任务评价主要从同学们的资料准备情况、PPT 制作与汇报情况、对邮包爆炸装置类型的判断、对邮件安全检查步骤的阐述以及团队合作与纪律情况几个方面进行评价，详细内容见表 6-9 中所列。

表 6-9 《邮件的安全检查》工作任务评价表

班级		姓名			得分
评价内容	分值	评定等级			
		A（权重 1.0）	B（权重 0.8）	C（权重 0.6）	
学习态度	10	学习态度认真，方法多样，积极主动	学习态度较好，能按时完成学习任务	学习态度有待加强，被动学习，延时完成学习任务	
查阅资料	10	查阅资料方法多样，资料内容丰富，整理有序、合理	查阅资料方法较单一，内容基本能满足要求	没有掌握查阅资料的基本方法，资料准备不足	
PPT 制作与汇报	20	PPT 制作精美、内容翔实、图文兼备；汇报人精神面貌好，思路清晰有条理	PPT 制作完整、内容不够丰富；汇报人能顺利讲完 PPT	PPT 制作缺乏思路，有的内容缺失；有的内容重复；汇报人词不达意	
判断邮包爆炸装置的类型	30	邮包爆炸装置的类型判断正确	邮包爆炸装置的类型判断错误	对邮包爆炸装置的类型无法判断	
阐述邮件的安全检查步骤	30	邮件的安全检查步骤阐述全面	邮件的安全检查步骤阐述较全面	邮件的安全检查步骤阐述不全面	
总计得分					

项目评价

一、判断题（正确的打“√”，错误的打“×”）

1. X 光安检仪属于防爆处置器材。（　）
2. 便携式爆炸物检测仪属于防爆安全检查器材。（　）
3. 手持金属探测器属于防爆安全检查器材。（　）
4. 便携式爆炸物检测仪属于防爆处置器材。（　）
5. 防爆毯盖在炸弹上时，能防止炸弹爆炸后弹片的飞散，同时减弱了爆炸冲击波的杀伤力。（　）
6. 防爆罐是一种可防范及减弱爆炸物品爆炸时对周边人员及物品造成损伤的器材。（　）
7. X 光图像的基本颜色，橙色代表无机物。（　）
8. X 光图像的基本颜色，绿色代表有机物。（　）
9. X 光图像的基本颜色，蓝色代表有机物。（　）
10. 在 X 光安检仪图像上，橙色表示是混合物。（　）
11. 在 X 光安检仪图像上，绿色表示是非常厚，是 X 光穿不透的物体。（　）
12. 由于粉末状物品性质不易确定，安检人员可取少许用纸包裹，然后用火点燃纸张，观察其燃烧程度来判断是否属于易燃易爆物品。（　）
13. 检查粉末状物品，由于粉末状物品性质不易确定，可采取送检的方法，千万不要用点燃的方法观察其燃烧程度，来判断是否属于易燃易爆物品。（　）
14. 生物检查法是安全检查人员利用某些生物、活动物对炸药的特殊反应，来探测识别炸药的一种方法。（　）
15. 人工直观检查法发现率低，工作效率高。（　）
16. 用鼻嗅闻从被检查物品（特别是液体）中散发出来的气味，判断该气味与被检物品应有的气味是否相符，也是判别可疑物品的一种方法。（　）
17. 一般来说，对女性受检人实施人身安检时应由女性安检人员进行。（　）
18. 如果发现邮包有独特气味，应注意内部是否有爆炸装置。（　）

二、单项选择题

1. 传统的安全检查设备，如 X 光安检仪、金属探测门等，能发现除（　）外的危险物品，在安全检查工作中发挥了重要作用。

A. 普通炸药　B. 液体化妆品　C. 子弹　D. 枪支

2. 近年来恐怖分子配备的武器越来越先进，但其中不包括（　）。

A. Semtex 可塑炸药　B. 高精度炸弹　C. GPS 定位仪　D. 塑料枪

3. （　）属于防爆安检处置器材。

A. X 光安检仪　B. 防爆罐　C. 排爆杆　D. 防爆毯

4. （　）属于防爆安检防护器材。

A. X 光安检仪　B. 防爆罐　C. 排爆杆　D. 防爆毯

5. （　）属于防爆安检储运器材。

A. X 光安检仪　　B. 防爆罐　　C. 排爆杆　　D. 防爆毯

6. 在 X 光安检仪图像上不同的颜色代表不同的含义，（　　）表示非常厚光穿不透的物体，其在 X 光安检仪中若不使用加亮键观看也有可能为黑色。

A. 红色　　B. 蓝色　　C. 绿色　　D. 橙色

7. 块状 TNT 炸药的 X 光机图像应该是（　　）。

A. 红色　　B. 绿色　　C. 橙色　　D. 蓝色

8. X 射线检测类、金属探测类、炸药探测类检查法属于（　　）。

A. 人工直观检查法　　B. 仪器检查法　　C. 生物检查法　　D. 感官检查法

9. 通过人的感官，利用看、摸、闻、烧等，经过思维判断，直接对爆炸物进行外观、气味和燃烧性能识别的方法称为（　　）。

A. 人工直观检查法　　B. 燃烧识别法　　C. 气味识别法　　D. 生物检查法

10. 发现图像内同时有类似电池、导线和可疑块状物品时，应提示开箱包检查员进行（　　）痕迹探测，重点检查。

A. 爆炸物　　B. 易燃固体　　C. 自燃物品　　D. 遇湿易燃物品

M6-2 参考答案

项目七

爆炸物处置

学习目标

能力目标

能在发现爆炸物时进行正确的处理。

知识目标

（1）了解爆炸物的处置原则。
（2）了解爆炸物的处置程序。
（3）了解人身检查员发现爆炸物的处理方法。
（4）了解开包员发现爆炸物的处理方法。

素质目标

（1）树立风险忧患意识、安全责任意识、团队合作意识。
（2）培养学生对爆炸物进行正确处置的能力。

任务一 熟悉爆炸物处置的准备工作

任务资讯

每天都有成千上万的人搭乘飞机。其中绝大多数都是守法公民，他们无意伤害任何人。但总是存在恐怖分子或罪犯藏匿在人群中的可能性。另外，许多无意造成伤害的旅客可能会无意中携带危险物品上飞机。为了避免这些问题，机场安检成为国内、国际旅客离港手续的重要组成部分。

恐怖分子可能会使用这些方法将炸弹带上飞机：将炸弹放置在毫不知情的旅客的行李中；在自己的行李中偷带炸弹；将炸弹或枪支绑在自己身上；通过翻越围界走进隔离区，从地面接近飞机。

机场安检的宗旨就是要努力切断所有这些危险途径。正确处置危险品，已经成为安全检查人员需要掌握的一项重要技能。在安检现场发现爆炸物后，应立即采取可靠措施，防止意外事故的发生。若是旅客携带有疑似爆炸物，安检人员应立即将其扣留，送交公安机关审查处理。处置爆炸物前，应首先迅速查明爆炸物的种类、性能、原理、危险程度、伪装方法、有无诡计装置等，并根据爆炸物的性质和现场人员的具体情况，采取灵活机动的方法迅速处置。

一、爆炸物的处置原则

（1）发现爆炸物品，应设法将人、物分离，将爆炸物品放到防爆筐、罐内，然后报告机场公安机关处理。对反抗者应将其制服。爆炸装置是具有较大杀伤力的装置，万一爆炸，将引起严重的后果。因此，在处置爆炸装置时（包括可疑爆炸物）要慎重。

（2）要尽可能不让爆炸物在人员密集的候机楼内爆炸；万一发生爆炸也要尽可能地减少爆炸破坏的程度，要千方百计保障旅客、民航工作人员和排爆人员的安全。

（3）发现爆炸装置（包括可疑爆炸物）后，应禁止无关人员出动，只有经过专门训练的专职排爆人员才可以实施排爆。

二、爆炸物处置的准备

1. 建立排爆组织

如确定对爆炸物进行处置，要事先成立排爆队，除领导亲自指挥外，要由有排爆专业知识和经验的专职排爆人员来进行。此外，还要组织好医护、消防抢救小组，并使其处于待命状态。

2. 准备器材

排除爆炸物是一项危险性极大的工作，为保障人员的生命安全，应尽可能利用一些防护器材和排爆工具。防护器材主要有机械手、防爆筐（箱）、防爆毯、防爆服、防爆头盔等，也可以用沙袋将爆炸物围起来。排爆工具主要有钳子、剪子、刀具、高速水枪、液态氮等，以及新式的排爆机器人。

3. 清理现场

① 打开现场的全部门窗，万一发生爆炸，冲击波能得到充分的释放；

② 严禁无关人员进入排爆现场；

③ 转移排爆现场附近的仪器等设备，为了减少损失，可将爆炸物用沙袋围起来；

④ 清除爆炸物周围的铁器硬质物体。

4. 确定排爆地点和转移路线

如果爆炸物是可转移的，要事先确定排爆地点。

① 排爆地点应选择在远离飞机、建筑物、油库、管道、高压线等地方，排爆地点应事先筑好排爆掩体等设施。

② 转移路线应尽量避开人员聚集、重要设施交通要道等地方；转移时应尽量使用防爆罐，如转移的路线较长，应用防爆车或特别的车辆进行运输转移，还要预先布置好勤务警戒转移路线。

5. 疏散人员

即使有最有经验的排爆人员，用最有效的排爆器材和工具去处置爆炸物，也难以百分之百保证爆炸物不爆炸。因此，在处置之前应考虑疏散无关人员。

疏散之前要大致判断一下爆炸物，先判断真假，以决定是否疏散人员；后判断一下威力，以决定在多大程度、多大范围内疏散人员。疏散方式有以下 3 种。

（1）不撤离。当某件可疑物品有明显证据证明是爆炸物，判断几乎没有多大杀伤力时，可不疏散旅客和其他人员，只适当地警戒。

（2）局部撤离。当某件物品被确认为爆炸物，但威力不大时，可对旅客和其他人员一定范围内进行疏散。

（3）全部撤离。当定爆炸物的威力很大时，要撤离爆炸物所在飞机和建筑物中的全部人员。

三、爆炸物处置的程序

首先是对爆炸物进行判断。主要包括真假的判断、威力的判断，是否有定时装置的判断、是否有水平装置的判断、是否有松、压、拉等机械装置的判断。对爆炸物做出准确的判断是很重要的，在采取措施之前要慎重进行。判断主要靠排爆人员的水平、智慧和经验，还可以借助一些器材进行，如电子听音器可判断是否有定时装置，小型移动式 X 光机对可疑物进行不同角度的透视，可以看清内部结构等。然后根据爆炸物的结构特点和爆炸物所处的地域灵活运用不同方法对爆炸装置进行处置。

M7-1　爆炸物品的处置

爆炸物品的处置请扫描 M7-1 查看。

安不忘危，作为机场工作人员，要有风险忧患意识，掌握好爆炸物的基本处置原则，在发现爆炸物时做好充分的准备，能够科学、有序地实施爆炸物的处置程序。

工作任务

爆炸物处置前的准备

任务准备

以 4 ～ 6 人的小组为单位，复习爆炸物处置的准备相关内容，并根据查阅的资料把下列内容做成 PPT 的形式。

任务实施

1. 查阅文献，制作 PPT

各组分别查找建立排爆组织、准备器材、清理现场、确定排爆地点和转移路线、疏散人员的相关资料，将获取的资料进行整理与总结，以小组为单位制作 PPT。

2. 阐述爆炸物处置前的准备方案

各组分别阐述爆炸物处置前的准备方案，将书本的内容形成初步认识，熟悉爆炸物处置的准备等相关内容并讨论。

3. 撰写总结报告

任务评价

任务评价主要从同学们的资料准备情况、PPT 制作与汇报情况、对爆炸装置处置的准备方案的阐述、团队合作与纪律情况，以及总结报告撰写质量几个方面进行评价，详细内容如表 7-1 所示。

表 7-1 《爆炸物处置前的准备》工作任务评价表

班级		姓名			得分
评价内容	分值	评定等级			
		A（权重 1.0）	B（权重 0.8）	C（权重 0.6）	
学习态度	10	学习态度认真，方法多样，积极主动	学习态度较好，能按时完成学习任务	学习态度有待加强，被动学习，延时完成学习任务	
查阅资料	10	查阅资料方法多样，资料内容丰富，整理有序、合理	查阅资料方法较单一，内容基本能满足要求	没有掌握查阅资料的基本方法，资料准备不足	
PPT 制作与汇报	20	PPT 制作精美、内容翔实、图文兼备；汇报人精神面貌好，思路清晰有条理	PPT 制作完整、内容不够丰富；汇报人能顺利讲完 PPT	PPT 制作缺乏思路，有的内容缺失；有的内容重复；汇报人词不达意	
阐述爆炸物处置的准备工作方案	40	对爆炸物处置的准备工作方案阐述全面	对爆炸物处置的准备工作方案阐述较全面	对爆炸物处置的准备工作方案阐述不全面	
撰写报告	20	报告格式规范，内容完整，思路清晰有条理	报告格式较为规范，内容较完整，有一定的条理性	报告格式、内容经反复修改后才勉强符合要求	
总计得分					

任务二 处理爆炸物

任务资讯

案例引导

无锡机场安检首次查到电雷管

近日，前往广州的旅客万女士正在机场接受安检，当她将随身携带的拉杆包放入X光机检查后，立即引起开机员的注意。“图像上显示包内拉杆上方有一根金属条，有点像钥匙，但仔细看金属条的中间还有一个黑点，又不像钥匙。”这个黑点让开机员产生了怀疑。“这个金属管疑似起爆装置，而这个黑点很像电雷管的‘加强帽’，这是我们判图中判断电雷管的一个重要标记，但是图像上又没有明显出现电雷管的导线。”本着严谨的态度，开机员立即通知开包员开包检查确认，随即在万女士拉杆书包的夹层中发现该管状物。经检查确实是一根将导线剪断后的铜壳电雷管。

来源：蔡佳．无锡机场安检首次查到电雷管[N]. 江南晚报，2019-04-18.

作为机场安检开包员，当发现爆炸物时应该怎么办？

防爆检查员利用防爆技术检测手段结合询问方法对有异常行为指征的旅客及行李物品进行疑点排查，无法排除疑点的按相关规定进行处置；向相关岗位传递旅客异常信息。

维序员判断值机岛上的旅客的类型，并通过观察旅客在排队过程中的表现，判断其是否具备异常特征，发现具备异常特征的团体旅客，则直接报告安检现场值班领导，对于其他有明显异常的，则直接询问其旅行目的地等针对性问题，以判断异常行为意图，并将判断信息传递给验证人员。

验证人员在接到异常信息后，对相关人员的乘机证件、登机牌进行从严检查，一旦发现证件不符现象直接拒绝登机；若无，则通过询问的方法判断其是否异常，并将判断结果传递给前传员。

之后前传员通过旅客放置行李、递交衣物的反应，或前端传递的信息，发现具备异常特征的目标或者特定目标，并随机询问旅客箱包内是否有危险品等问题，观察旅客反应，从而发现旅客异常行为。针对明显异常部分，可直接询问是什么等针对性问题，以判断异常行为意图，之后将判断信息传递给人身检查员、开机员以及开包员。

人身检查、开机和开包是安检的最后一道防线，在接到异常信息时必须做到岗位之间及时有效联动，做到信息互通，从细、从严对旅客人身及其行李进行检查，最终判断其是否安全。

询问的安全问题举例如下：

在那里有没有认识的人？

去做什么？

职业是什么？

行李完全是自己收拾的吗？

有没有人托你带东西？

你的手提行李收拾好后放在哪里？

有人帮你拎过吗？

这些都是非常重要的问题。恐怖分子有时会使用策略，将炸弹藏匿在毫不知情的旅客的行李中，或将一些物品交给即将要登机的旅客，这些物品有可能是玩具或毛绒玩偶。这些看上去无害的物品实际上可能是炸弹或其他危害性装置。

在安全检查过程中如果发现爆炸物，必须采取果断的处置措施，否则会造成不安全事件的发生。

一、防爆检查员发现爆炸物的处理方法

防爆检查员在爆炸物探测仪发生报警时的处置工作如下。

（1）控制好受检人员、行李物品、航空货物邮件、车辆。

（2）重新进行取样、测试：

① 如未发生报警，予以放行；

② 如复查两次连续发生报警的，立即启动防爆预案；

③ 做好台账记录。

二、人身检查员发现爆炸物的处理方法

（1）果断将犯罪嫌疑人双手控制，使其无法引爆爆炸物，迅速发出信号，通知其岗位人员，协作配合，并向带班领导报告。认真搜查犯罪嫌疑人其他部位有无引爆装置，如犯罪嫌疑人反抗，立即将其制服。如爆炸物是捆在犯罪嫌疑人身上，必须严格控制。

（2）立即将情况向公安、现场指挥中心航安办及有关单位通报。

（3）对犯罪嫌疑人携带的行李进行严格开包检查，并检查犯罪嫌疑人有无托运行李，如有托运行李，立即告知值机部门。

（4）迅速关闭通道，各岗位人员密切配合验证员、前传检查员守住通道口，控制人员进出，维持好秩序，疏散待检旅客。人身检查员、开箱（包）检查员、开机检查员迅速行动，控制犯罪嫌疑人。

（5）将犯罪嫌疑人和爆炸物移交公安或专职排爆人员处置。

（6）险情过后，清理现场，恢复正常安检工作。

（7）写出详细专题情况材料向上级有关部门报告。

M7-2 人身检查员发现爆炸物的处理方法

三、开机员发现爆炸物的处理方法

（1）保持沉着冷静，立即停机关闭通道，确定“行李”持有者并对其进行控制，开箱（包）检查员立即将“行李”放入防爆桶（筐），盖好防爆装置附件。

（2）立即向带班领导报告情况，并通报公安、现场指挥中心、航安办及有单位。

（3）在确认“行李”持有者后，严格对其人身控制和搜查，防止犯罪嫌疑人逃离，如犯罪嫌疑人反抗将其制服，对犯罪嫌疑人的其他行李进行严格开箱（包）检查。如有托运行李，立即告知值机部门。

（4）验证员、前传检查员守住通道，维持好秩序，疏散待检旅客、已进入隔离区旅客。开箱（包）检查员密切注视周围情况，观察有无犯罪嫌疑人同伙和可疑人员，一旦发现，立即组织力量将其控制，以防止犯罪嫌疑人同伙逃窜和伺机制造其他意外。

（5）将犯罪嫌疑人和爆炸物移交公安民警或专职排爆人员处理。

（6）险情过后，清理现场，恢复正常安检工作。

（7）写出详细专题情况材料向上级有关部门报告。

四、开包员发现爆炸物的处理方法

（1）迅速将爆炸物放入防爆桶（筐）内，盖好防爆装置附件，控制嫌疑人，关闭通道，并向带班领导报告。

（2）立即将情况向公安、现场指挥中心、航安办及有关单位通报。

（3）对嫌疑人进行严格搜身检查并将其控制，并对其携带的其他行李进行严格检查，如有托运行李，立即告知值机查出并严格检查。如犯罪嫌疑人反抗，果断将其制服。

（4）验证员、前传检查员守住通道口，维持好秩序并疏散待检旅客、已进入隔离区旅客。开箱包检查员密切注视周围情况，注意观察有无犯罪嫌疑人同伙和可疑人员，一旦发现立即组织力量将其控制，以防犯罪嫌疑人同伙制造其他意外。

M7-3　开包员发现爆炸物的处理方法

（5）将犯罪嫌疑人和爆炸物移交公安或专职排爆人员处置。

（6）险情过后，清理现场，恢复正常安检工作。

（7）写出详细专题情况材料向上级有关部门报告。

五、隔离区监控人员发现爆炸物的处理方法

（1）确认可移动可疑爆炸物的前提下，立即将可疑爆炸物放入就近的防爆桶（筐）内，盖上防爆装置附件，退出安全线以外。

（2）立即将情况报告带班领导，并将情况向公安、现场指挥中心、航安办及有关单位通报。

（3）指派专人负责警戒保护现场，在有人员活动的区域，立即组织人员疏散。

（4）组织人员采取措施关闭各个通道，搜寻可疑人员和其他可疑物。

（5）加强对候机厅、停机坪、飞机的监控、警戒。

（6）通知公安或专职排爆人员进行处置。

（7）险情排除后，清理现场，恢复正常勤务。

（8）写出详细专题情况材料向上级有关部门报告。

安全责任重于泰山，作为机场工作人员，在发现爆炸物时要团队合作，协同作业，确保空防安全，对机场爆炸物进行正确处置。

认知爆炸物的处理方法

任务准备

请仔细观察图片，回答下述问题。

任务实施

① 上图所示装置的名称是什么？
②上图所示装置属于哪种防爆器材？
③ 上图所示装置的使用注意事项是什么？
④ 发现爆炸物时首要的处理方法是什么？

任务评价

任务评价表如表 7-2 所示。

表 7-2 《认知爆炸物的处理方法》工作任务评价表

班级： 姓名： 学号： 成绩：

测试内容	测试考核要点	分值	扣分	得分
职业素养	仪容仪表规范：发型自然大方；面部不浓妆艳抹，不戴奇异饰物；讲究卫生，仪容整洁	5		
	着装规范：着制式服装，着装整洁，着黑色或深棕色皮鞋	5		
	礼仪规范：面带微笑，表情自然，仪态优美，热情有礼；使用文明礼貌用语，对旅客服务沟通符合语言礼仪规范	10		
图示分析	正确回答装置名称	15		
	正确判断防爆器材种类	15		
	正确描述使用注意事项	25		
	正确回答处理方法	15		
	在规定时间内完成表述，超时扣 2 分	10		
小计		100		

项目评价

判断题（正确的画“√”，错误的画“×”）

1. 在安检现场发现爆炸物后，应立即采取可靠措施，防止意外事故的发生。（　　）

2. 若是旅客携带有疑似爆炸物，安检人员应立即将其扣留，送交公安机关审查处理。（　　）

3. 对爆炸物的判断主要包括真假的判断、威力的判断，是否有定时装置的判断，是否有水平装置的判断，是否有松、压、拉等机械装置的判断。（　　）

4. 对爆炸物做出准确的判断是很重要的，在采取措施之前要慎重进行。（　　）

5. 疏散之前要大致判断一下爆炸物，先判断一下威力，以决定在多大程度、多大范围内疏散人员，后判断一下真假，以决定是否疏散人员。（　　）

6. 对犯罪嫌疑人携带的行李进行严格开包检查，并检查犯罪嫌疑人有无托运行，如有托运行李，立即告知值机部门。（　　）

7. 验证员、前传检查员守住通道口，控制人员进出，维持好秩序，疏散待检旅客。（　　）

8. 确认可移动可疑爆炸物的前提下，立即将可疑爆炸物放入就近的防爆桶。（　　）

9. 将犯罪嫌疑人和爆炸物移交公安或专职排爆人员处置。（　　）

10. 开机检查员应加强对候机厅、停机坪、飞机的监控、警戒。（　　）

M7-4　参考答案

项目八 危险品和爆炸物应急处置

学习目标

能力目标

（1）能对机场危险品事故进行应急处置。
（2）能进行急性中毒的现场急救处理。
（3）能对爆炸物和爆炸装置进行应急处置。

知识目标

（1）了解危险品事故的应急处置程序。
（2）掌握危险品事故的安全处置方法。
（3）了解危险化学品事故中的急救处理。
（4）掌握爆炸装置的应急处置方法。

素质目标

（1）树立风险忧患意识、安全责任意识和环境保护意识。
（2）树立爱国主义思想、具有敬业奉献精神。
（3）注重人文关怀、履行社会责任。
（4）培养学生对机场危险品和爆炸物的应急处置能力。

任务一 制定危险品事故应急处置程序

任务资讯

一、危险品事故的应急响应程序

无论在哪里，操作危险品都必须提供紧急处理措施。国际民航组织制定的《国际民用航空公约 附件 14》要求机场当局建立应急程序，以应对涉及危险品的突发事件。对于所有人员都应当进行危险品应急响应培训。

1. 危险品的事故和事故征候

危险品事故是指与危险品航空运输有关联，造成致命或严重人身伤害或财产损失的事故。

危险品事故征候不同于危险品事故，但与危险品航空运输有关联，不一定发生在航空器上，但造成人员受伤、财产损失、起火、破损、溢出、液体或放射性物质渗漏或包装未能保持完好的其他情况。任何与危险品航空运输有关并严重危及航空器或机上人员的事件也被视为危险品事故征候。

2. 危险品的事故和事故征候的报告

出现任何一种类型的危险品事故或事故征候，都应当向局方和事故或事故征候发生地所在国报告。初始报告可用各种方式进行，但所有情况下都应尽快完成一份书面报告。该报告应尽可能做到精确，并包括进行报告时已知的所有数据。相关文件的副本与照片应附在书面报告上。

书面报告应当包括的内容：

① 事故或事故征候发生日期；

② 事故或事故征候发生的地点、航班号和飞行日期；

③ 有关货物的描述及货运单、邮袋、行李标签和机票等的号码；

④ 已知的运输专用名称（包括技术名称）和联合国编号；

⑤ 类别或项别以及次要危险性；

⑥ 包装的类型和包装的规格标记；

⑦ 涉及数量；

⑧ 发货人或旅客的姓名和地址；

⑨ 事故或事故征候的其他详细情况；

⑩ 事故或事故征候的可疑原因；

⑪ 采取的措施；

⑫ 书面报告之前的其他报告情况；

⑬ 报告人的姓名、职务、地址和联系电话。

3. 未申报或错误申报危险品的报告

未申报的危险品，如隐含的危险品或错误申报的危险品，也应向局方报告。现场工作人员发现危险品有异常情况时，应立即向本单位领导报告，并保留好记录。报告时应记录现场情况、报告对象、时间和报告人员。

4. 旅客操作和安全检查人员的一般应急处理程序

发生危险品事故征候要遵循的一般程序包括：

① 立即通知主管人员以便得到帮助。

② 识别危险物品（如果这样做是安全的）。

③ 若能保证安全，搬移其他包装或物品来隔离该危险品。

④ 避免接触危险品包装内装物。

⑤ 如果身体或衣服接触到危险品内装物，立即采取以下措施：用大量清水彻底清洗全身；脱掉被污染的衣物；不要吃或吸食食物；手不要与眼睛、口、鼻相接触；寻求医疗协助。

⑥ 应对事故中所涉及的有关人员做好记录。

⑦ 必须通知有关当局。

二、危险品事故的应急处置程序

（一）机场危险化学品事故应急救援的基本任务

机场危险化学品事故应急救援是指危险品在存储、装卸和运输过程中由于各种原因引发事故，造成或可能造成众多人员伤亡和财产损失及其他较大社会危害时，为及时控制危险源，抢救受害人员，指导防护和组织撤离，清除危害后果而组织的救援活动。机场化学危险品事故应急救援的基本任务包括：控制危险源；抢救人员；指导防护、组织撤离；现场洗消、消除危害后果4大部分。

危险化学品事故具有突发性，因此要求现场作业人员具有自救、互救的能力。自救与互救（他救），是危险化学品事故应急救援工作中两种不能截然分开的重要的基本的形式。

自救指发生危险化学品事故时，事故单位实施的救援行动以及在事故现场受到事故危害的人员自身采取的保护防御行为。自救是危险化学品事故现场急救工作最基本、最广泛的救援形式。自救行为的主体是企业及职工本身。由于他们对现场情况最熟悉、反应速度最快，发挥救援的作用最大，危险化学品事故现场急救工作往往通过自救行为应能控制或解决问题。发生事故时，机场对救援负有第一责任和义务，机场相关负责人必须立即按照本单位制定的应急救援预案组织并展开救援，同时立即报告当地负责危险品安全监督管理工作的部门和公安、消防、环保等部门。

互救（他救）是指发生危险化学品事故时，事故现场的受害人员相互之间的救护以及他人或企业救护队伍或社会救援力量组织实施的一切救援措施与行动。互救（他救）是救死扶伤的人道主义和互帮互助的社会主义精神文明的体现。在发生大的危险化学品事故特别是灾害性危险化学品事故时，在本身救援力量有限的情况下，争取他人救助和社会力量的救援相当重要。当地人民政府和其他有关部门有责任和义务组织社会救援。有关地方人民政府应当做好指挥、领导工作。危险品安全监督管理部门环保、公安、消防、卫生等有关部门，应当按照当地应急救援预案组织实施救援。

M8-1　应急预案编制工作程序7步法

应急预案编制工作程序7步法请扫描M8-1查看。

（二）危险化学品的识别和监测

通常，对于危险化学品的识别和监测，根据场所分为现场检查监测与非现场分析两种方式。对于现场检查监测，要求快速鉴定危险品种类，因此通常手段简单，以定性为主。对于非现场分析，要求对未知物分析、定性、定量，比较精确地获取危险品的组成成分。以下是常见的危险品识别方法。

1. 根据容器标志识别

根据事故现场存留的容器、标签、货运清单、发票等相关文字或图形资料查找或判明危险品的种类和名称，也可以根据危险品文件中的化学品安全技术说明书部分内容确定。化学品安全技术说明书内容包括中文名、别名、英文名、分子式、GAS 号（美国化学文摘社对化学品的唯一登记号）、主要危险性类别、健康危害特性等。这种方式所需要的判定资料一般需要在事故现场通过各种途径进行搜寻获取。

2. 根据物化性质识别

根据现场的特殊气味、颜色、异常状态、溶解性、毒性等物理、化学性质来判别危险品的种类，见表 8-1 中所列。

表 8-1　常见物质的物理特性

物质种类	物理特性	物质种类	物理特性
苯	特殊芳香味的液体	氯化氢	白色刺激性气体
液氯	黄绿色透明的液体	氯乙烯	略带芳香味的无色气体
氨气	无色有刺激性恶臭的气体	氢氰酸	液体，无色，有苦杏仁味，有剧毒
硫化氢	无色有臭鸡蛋气味的气体		

3. 根据中毒症状识别

危险品种类繁多，引起的中毒症状也不尽相同。

（1）窒息类。主要表现为对呼吸道系统的损害，会造成窒息、呼吸道炎症和肺水肿。这类危险品主要包括氯气、光气等。

（2）糜烂类。这类毒气能直接损伤组织细胞，引起局部炎症，吸收后能导致全身中毒。如芥子气，第一次世界大战时被用于战场，被称为“毒剂之王”。

（3）血液中毒类。这类危险品主要指氰化物，常见的有氢氰酸。氢氰酸毒气进入人体后阻止血液中酶的活动，使红细胞失去输送氧的功能，致人死亡。

（4）神经中毒类。这类危险品的主要成分是有机磷，包括沙林、梭曼等。这类毒剂主要是抑制体内胆酯酶的活性，致使人体的神经系统瘫痪，无法指挥肌肉运动。由于其毒性剧烈，又无特殊颜色和气味，并且便于制造和使用，因此多被用于战争或恐怖活动中。

甲醇主要作用于神经系统，对视神经和视网膜有很强的选择性，中毒者最早出现的症状为视力模糊，重者眼球压痛、畏光、视力减退甚至持久性双目失明。

溴甲烷为强烈的神经性有毒物品（毒害品），一般在吸入 0.5 ～ 2.4 小时后人体出现症状，轻者头疼、恶心、乏力，重者可出现兴奋、肌肉痉挛、脑水肿、妄想、狂躁等，皮肤接触亦可出现烧伤症状，局部开始为红斑，不久即成水泡。

（5）生物类。这类危险品主要是以气溶胶和带菌媒介等方式释放特制的细菌、病毒，通过呼吸道、消化道、皮肤和黏膜侵入人、畜体内，造成伤亡。

4. 利用计算机专家系统进行模糊识别

在事故现场毁损严重或难以找到明确判别信息时，根据气味、颜色、状态，眼、呼吸道等器官或系统的症状表现等信息利用计算机专家系统进行模糊识别。

5. 借助专业器材进行检查与监测

随着化学工业的飞速发展，化学危险品在生产、储存及运输中发生泄漏造成的灾难性事故不断增加。在完成危险品事故应急救援任务的过程中需要大量应用现场侦检技术。从侦检器材的形式上看，现阶段所用的主要有便携式气体检测仪、气体检测管、侦检纸、大型实验室分析仪器。

（三）机场危险化学品事故现场处置基本程序

大多数化学品具有有毒、有害、易燃、易爆等特点，在生产、储存、运输和使用过程中因意外或人为破坏等原因发生泄漏、火灾爆炸，极易造成人员伤害和环境污染事故。机场制定完备的应急预案，相关人员了解化学品基本知识，掌握化学品事故现场应急处置程序，可有效降低事故造成的损失和影响。

发生事故后的处置程序包括 6 个方面，分别是隔离疏散、防护措施、询情侦检、现场急救、泄漏处理、火灾控制。

1. 隔离疏散

（1）划定危险区域，建立警戒区（图 8-1）。事故发生后，应根据化学品泄漏扩散的情况或火焰热辐射所涉及的范围建立警戒区，并在通往事故现场的主要干道上实行交通管制。建立警戒区域时应注意以下几项。

① 警戒区域的边界应设警示标志，并有专人警戒。

② 除消防、应急处理人员以及必须坚守岗位的人外，其他人员禁止进入警戒区。

③ 泄漏溢出的化学品为易燃品时，警戒区域内应严禁火种。根据危险程度，围绕事故现场划分危险区域。

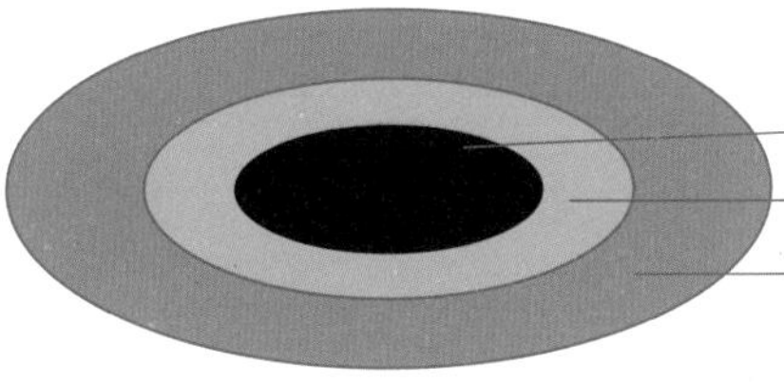

图 8-1　危险区域分布

（2）紧急疏散。事故物质有毒时，需要佩戴个体防护用品或采用简易有效的防护措施，并有相应的监护措施；应向侧上风方向转移，明确专人引导和护送疏散人员到安全区，并在疏散或撤离的路线上设立哨位，指明方向；不要在低洼处滞留；要查清是否有人留在污染区与着火区。疏散事故涉及区域的一切无关人员，禁止拍照、摄像。

2. 防护措施

根据事故物质的毒性及划定的危险区域，确定相应的防护等级，并根据防护等级按标准配备相应的防护器具。防护等级划分标准，如表 8-2 所示。

表 8-2　防护等级划分标准

级别	形式	防护面具	防护服	防化服
一级	全身	正压式空气呼吸器或全防型滤毒罐	全棉防静电内外衣	内置式重型防化服
二级	全身	正压式空气呼吸器或全防型滤毒罐	全棉防静电内外衣	封闭式防化服
三级	呼吸	简易滤毒罐、面罩或口罩、毛巾等防护器材	战斗服	简易防化服

3. 询情侦检

（1）询问相关人员情况，包括容器储量、泄漏量、泄漏时间、部位、电源、火源等情况，消防设施、到场人员处置意见。

（2）使用检测仪器测定泄漏物质、浓度、扩散范围。

（3）确认机场附近设施有无可能引发爆炸燃烧的各种危险源。

（4）确认消防设施运行情况。

4. 现场急救

在事故现场，化学品对人体可能造成的伤害包括中毒、窒息、冻伤、化学灼伤、烧伤等。必须对受伤人员进行紧急救护，减少伤害。应注意以下几点。

（1）救援人员必须做好自身及伤病员的个体防护，特别是把患者从严重污染的场所救出时，救援人员必须加以预防，避免成为新的受害者。

（2）应至少 2 ～ 3 人为一组集体行动，以便互相监护照应，所用的救援器材必须是防爆的。

（3）急救处理程序化，可先除去伤病员污染衣物，然后冲洗，联系车队，最后转送医院。

（4）处理污染物时要注意对伤员污染衣物的洗消处理，防止发生继发性损害。

5. 泄漏处理

危险化学品泄漏后，不仅污染环境，对人体造成伤害，如遇可燃物质，还有引发火灾、爆炸的可能。因此，对泄漏事故应及时、正确处理，防止事故扩大。

泄漏处理一般包括泄漏源控制及泄漏物处理两大部分。

（1）泄漏源控制。容器发生泄漏后，首先进行泄漏源控制，关闭阀门和堵塞裂口。制止化学品的进一步泄漏，对整个应急处理是非常关键的。

（2）泄漏物处理。现场泄漏物要及时进行覆盖、收容、稀释、处理，使泄漏物得到安全可靠的处置，防止二次事故的发生。泄漏物处置主要有以下 4 种方法。

① 围堤堵截。如果化学品为液体，泄漏到地面上时会四处蔓延扩散，难以收集处理。为此需要筑堤堵截或者引流到安全地点。

② 稀释与覆盖。为减少大气污染，通常是采用水枪或消防水带向有害物蒸气云喷射雾状水，加速气体向高空扩散，使其在安全地带扩散。在使用这一技术时，将产生大量的被污染水，因此应疏通污水排放系统。对于可燃物，也可以在现场释放大量水蒸气或氮气，破坏燃烧条件。对于液体泄漏，为降低物料向大气中的蒸发速度，可用泡沫或其他覆盖物品覆盖外泄的物料，在其表面形成覆盖层，抑制其蒸发。

③ 收容（集）。对于大型泄漏，可选用隔膜泵将泄漏出的物料抽入容器内或槽车内；当泄漏量小时，可用沙子、吸附材料、中和材料等吸收中和。

④ 废弃。将收集的泄漏物运至专门的废物处理场所处置。用消防水冲洗剩下的少量物料，注意冲洗水不能随意排放到机坪、排水沟或草坪等地，防止对机坪等设施的污染和腐蚀。

（3）泄漏处理注意事项。泄漏处理应注意接触化学品人员须按规定穿戴防化服、防化靴、防化手套、防毒面具等防护用品。

6. 火灾控制

灭火人员不应单独灭火，出口应始终保持清洁和畅通，要选择正确的灭火剂，灭火时还应考虑人员的安全。

扑救危险化学品火灾不可盲目行动，应针对每一类化学品，选择正确的灭火剂和灭火方法来安全地扑灭火灾。化学品火灾的扑救应由专业消防队进行，其他人员不可盲目行动，待消防队到达后，向对方介绍物料性质，并配合扑救。

应急处理过程并非是按部就班地按以上顺序进行，而是根据实际情况尽可能同时进行，比如危险化学品泄漏，应在报警的同时尽可能切断泄漏源等。

因此，我们应熟悉和掌握危险化学品的主要危险特性及其相应的灭火措施，加强对突发事件的应变能力。

M8-2　机场危险化学品事故现场处置基本程序

机场危险化学品事故现场处置基本程序请扫描 M8-2 查看。

机场工作人员高效有序地做好危险物品燃烧、爆炸及泄漏事故的应急处置和救援工作，可以避免或最大限度地减轻危险化学品事故灾害造成的损失，保障人民群众生命和企业财产安全，维护社会稳定。

工作任务

制定危险品事故应急处置程序

任务准备

以 4 ～ 6 人的小组为单位，复习危险品事故的应急处置程序相关内容，并根据查阅的资料把下列内容做成 PPT 的形式。

任务实施

1. 查阅文献，制作 PPT

查找双氧水泄漏的案例，将获取的资料进行整理与总结，以小组为单位制作 PPT。

2. 判断双氧水的危险品类项

首先对查找的案例进行判断，判断双氧水所属的危险品类项；其次要阐述双氧水的危险性质。

3. 制定双氧水泄漏事故应急处置流程图

以小组为单位阐述双氧水泄漏事故应急处理流程，制定双氧水泄漏事故应急处置流程图，将书本的内容形成初步认识，熟悉危险品事故的应急处置程序等相关内容并讨论。

任务评价

任务评价主要从同学们的资料准备情况、PPT 制作与汇报情况、对双氧水危险性质的阐述、危险品事故应急处置程序流程图的制定以及团队合作与纪律情况几个方面进行评价，详细内容如表 8-3 所示。

表 8-3 《制定危险品事故应急处置程序》工作任务评价表

班级		姓名			得分
评价内容	分值	评定等级			
		A（权重 1.0）	B（权重 0.8）	C（权重 0.6）	
学习态度	10	学习态度认真，方法多样，积极主动	学习态度较好，能按时完成学习任务	学习态度有待加强，被动学习，延时完成学习任务	
查阅资料	10	查阅资料方法多样，资料内容丰富，整理有序、合理	查阅资料方法较单一，内容基本能满足要求	没有掌握查阅资料的基本方法，资料准备不足	
PPT 制作与汇报	20	PPT 制作精美、内容翔实、图文兼备；汇报人精神面貌好，思路清晰有条理	PPT 制作完整、内容不够丰富；汇报人能顺利讲完 PPT	PPT 制作缺乏思路，有的内容缺失；有的内容重复；汇报人词不达意	
判断双氧水的危险品类项	30	双氧水所属的危险品类项判断正确，危险性质表述完整	双氧水所属的危险品类项判断正确，危险性质表述不完整	双氧水所属的危险品类项判断错误，危险性质表述不完整	
制定双氧水泄漏事故应急处置流程图	30	流程图内容完整、形式精美	流程图内容完整、形式一般	流程图内容不完整、形式一般	
总计得分					

任务二
处置危险品事故

任务资讯

在危险品的运输中，如果危险品的托运人申报单的填写、包装、标记和标签、装载和存储等各个环节都完全符合要求，在正常运输条件下是完全可以保证航空运输安全的。危险品发生事故往往是由于托运人违反规定或者运营人违章操作而造成的。

一、危险品事故的处置原则

危险品事故出现后，有关人员应该采取有效措施尽量把危害、损失控制在最低限度内。

在危险品收运时，运营人必须认真做好检查工作。对于已发现有破损的包装件，运营人必须坚决拒收，退回托运人，使其改换包装。如果危及安全，则必须将破漏的包装另行处理。对发生火灾并可能危及危险品包装件的情况，应立即报火警，同时说明危险品的种类、数量、性质及现场备有的消防器材，并且将危险品包装件抢运到安全距离之外。

危险品一旦发生火灾，除了及时报火警外，在专业消防人员到来之前，现场工作人员应采取合适的灭火措施积极进行扑救。

现场人员在采取施救措施时，应站在上风头，并且应穿戴合适的防护用具。

选择灭火剂，是灭火工作中必须首先要考虑的问题，也是灭火组织工作的基本内容之一。

不同性质的物质着火燃烧时，应选用不同的灭火剂。对于普通货物来说，选用任何一种灭火剂都可以达到一定的灭火目的，起码不会带来大的危害。对危险货物来说则不然，灭火剂的选用有严格的要求，若选用不当，不仅达不到灭火的目的，还会造成更大的火灾爆炸危害，给消防工作带来困难。

二、危险品事故的安全处置

1. 机场爆炸品安全处置

（1）破损包装件的处理。若收运后发现爆炸物品包装件破损，则破损包装件不得装入飞机或集装器；已经装入的，必须马上卸下，认真检查同一批货物的其他包装件是否有相似的破损或是否已受到了污染。将破损的包装件及时转移至安全地点，立即通知有关部门进行事故调查和处理，并通知托运人或收货人。在破损包装件附近严禁烟火。

（2）洒漏的处理。这里所指的洒漏处理是就运输的某一个环节而言，危险品的运送作业已经完成，而对在运送作业环境，如货舱、车厢或仓库留有的危险品残余物的处理。

对爆炸物品的洒漏物，应及时用水润湿，撒以锯末或棉絮等松软物品，轻轻收集后并保持相当湿度，报请消防人员或公安部门处理。

（3）扑救爆炸品火灾的方法。对于在专载情况下运输的爆炸物品，应由政府主管当局预先指定可使用的灭火器种类。

爆炸物品一般都有专门的储存仓库。这类物品由于内部结构含有爆炸性基团，受摩擦、撞击、震动、高温等外界因素诱发，极易发生爆炸，遇明火则更危险。发生爆炸物品火灾时，一般应采取以下基本方法。

① 迅速判断和查明再次发生爆炸的可能性和危险性，紧紧抓住爆炸后和再次发生爆炸之前的有利时机，采取一切可能的措施，全力制止再次爆炸的发生。

② 不能用沙土盖压，以免增强爆炸物品爆炸时的威力。

③ 如果有疏散可能，人身安全上确有可靠保障，应迅速组织力量及时疏散着火区域周围的爆炸物品，使着火区周围形成一个隔离带。

④ 扑救爆炸物品堆垛时，水流应采用吊射，避免强力水流直接冲击堆垛，以免堆垛倒塌引起再次爆炸。

⑤ 灭火人员应积极采取自我保护措施，尽量利用现场的地形、地物作为掩蔽体或尽量采用卧姿等低姿射水，消防车辆不要停靠离爆炸物品太近的水源。

⑥ 灭火人员发现有发生再次爆炸的危险时，应立即向现场指挥报告，现场指挥应迅速做出准确判断，确有发生再次爆炸征兆或危险时，应立即下达撤退命令。灭火人员看到或听到撤退信号后，应迅速撤至安全地带，来不及撤退时，应就地卧倒。

（4）检查现场的应急处理措施

① 启动应急预案，立即向上级和相关部门报告。

② 封锁现场，人员撤离到安全区域。非应急处置人员不得进入现场。

③ 对现场的资料、设备等进行封存保全。

④ 现场抢救人员应戴防毒面具并站在上风头。

⑤ 检查同一批其他货物是否有相似的损坏情况。

⑥ 写出书面事情经过；配合调查取证工作。

机场爆炸品安全处置请扫描 M8-3 查看。

M8-3 机场爆炸品安全处置

2. 机场气体安全处置

（1）破损包装件的处理。收运后发现包装破损，或有气味，或有气体逸漏的迹象，则破损包装不得装入飞机或集装器。已经装入的必须卸下，认真检查同一批货物的其他包装件是否有相似的损坏情况或是否已受到污染。在包装件有气体逸漏的迹象时，应避免人员吸入漏出气体。如果易燃或非易燃无毒气体逸漏发生在室内，则必须打开所有门窗，使空气充分流通，然后由专业人员将其移至室外。如果逸漏的气体是毒性气体，则应由戴防毒面具的专业人员处理。在易燃气体破损包装件附近不准吸烟，严禁任何明火，不得开启任何电器开关，任何机动车辆不得靠近。同时应立即通知主管人员进行事故调查和处理，并通知托运人或收货人。

注意事项：装有深冷液化气体的非压力包装件，如在开口处有少量的气体逸出，放出可见蒸气并在包装附近形成较低温度，属正常现象，不应看作事故。

（2）扑救压缩气体与液化气体火灾的方法。现场施救人员应避免站在气瓶的首、尾部，并应佩戴防毒面具。在情况允许时，应将火势未及区域的气体钢瓶迅速移至安全地带。灭火时首先应采用大量冷水冷却气瓶，然后设法关闭泄漏阀门，即先堵源后灭火。在水灭火效果不好时，还可采用二氧化碳、泡沫或干粉灭火剂等配合灭火。

（3）检查现场的应急处理措施

① 启动应急预案，立即向上级和相关部门报告。

② 封锁现场，人员撤离到安全区域。非应急处置人员不得进入现场。

③ 对现场的资料、设备等进行封存保全。

④ 写出书面事情经过；配合调查取证工作。

⑤ 如货物在库房或室内发生逸漏，必须打开所有门窗，使空气充分流通。不得开启任何电器开关，严禁任何明火。

⑥ 检查同一批其他货物是否有相似的损坏情况。

⑦ 现场抢救人员应戴防毒面具并避免站在气体钢瓶的首、尾部。

3. 机场易燃液体安全处置

（1）破损包装件的处理。收运后发现包装件漏损，则此包装件不得装入飞机和集装器；已经装入的必须卸下，认真检查同一批货物的其他包装件是否有相似的损坏情况和是否已受到污染。在破损包装件附近，不准吸烟，严禁任何明火，不开启任何电器开关。将破损包装件移至室外，通知主管人员进行事故调查和处理，并通知托运人或收货人。

（2）洒漏处理。在库房内或机舱内易燃液体漏出，应通知消防部门，并应清除洒漏出的易燃液体。

易燃液体发生洒漏时，应及时以沙土覆盖，或用松软材料吸附后，集中至空旷安全地带处理。覆盖时特别要注意防止液体流入下水道、河道等地方，以防污染；更主要的是，如果液体浮在下水道或河道的水面上，其火灾隐情更严重。在销毁收集物时，应充分注意燃烧时所产生的有毒气体对人体的危害，必要时应戴防毒面具。

（3）扑救易燃液体火灾的方法。易燃液体大都为有机物，发生火灾时通常不能用水灭火。应按照消防部门根据易燃液体性质而指示的方法灭火。

遇易燃液体火灾，一般应采取以下基本方法。

① 首先应切断火势蔓延的途径，冷却和疏散受火势威胁的密闭容器和可燃物，控制燃烧范围，并积极抢救受伤和被困人员。如有液体流淌时，应筑堤（或用围油栏）拦截漂散流淌的易燃液体或挖沟导流。

② 及时了解和掌握着火液体的品名、相对密度、水溶性以及有无毒害、腐蚀、沸溢、喷溅等危险性，以便采取相应的灭火和防护措施。

③ 对较大的储罐或流淌火灾，应准确判断着火面积。

小面积（一般指 $50m^2$ 以内）液体火灾，一般可用雾状水扑灭。用泡沫、干粉、二氧化碳灭火一般更有效。

大面积液体火灾则必须根据其相对密度（比重）、水溶性和燃烧面积大小，选择正确的灭火剂扑救。

比水轻又不溶于水的液体（如汽油、苯等），用直流水、雾状水灭火往往无效。可用普通蛋白泡沫或轻水泡沫扑灭。用干粉扑救时灭火效果要视燃烧面积大小和燃烧条件而定，最好用水冷却罐壁，降低燃烧强度。

比水重又不溶于水的液体（如二硫化碳）起火时可用水扑救，水能覆盖在液面上灭火，用泡沫也有效。用干粉扑救，灭火效果要视燃烧面积大小和燃烧条件而定。最好用水冷却罐壁，降低燃烧强度。

具有水溶性的液体（如醇类、酮类等），虽然从理论上讲能用水稀释扑救，但用此法要使液体闪点消失，水必须在溶液中占很大的比例，这不仅需要大量的水，也容易使液体溢出流淌，而普通泡沫又会受到水溶性液体的破坏，因此，最好用抗溶性泡沫扑救，用干粉扑救时，灭火效果要视燃烧面积大小和燃烧条件而定，也需用水冷却罐壁，降低燃烧强度。

④ 扑救毒害性、腐蚀性或燃烧产物毒害性较强的易燃液体火灾，扑救人员必须佩戴防护面具，采取防护措施。

⑤ 扑救原油和重油等具有沸溢和喷溅危险的液体火灾，必须注意计算可能发生沸溢、喷溅

的时间和观察是否有沸溢、喷溅的征兆。指挥员发现危险征兆时应迅速做出准确判断，及时下达撤退命令，避免造成人员伤亡和装备损失。扑救人员看到或听到统一撤退的信号后，应立即撤至安全地带。

⑥ 遇易燃液体管道或储罐泄漏着火，在切断蔓延方向，把火势限制在一定范围内的同时，对输送管道应设法找到并关闭进、出阀门，如果管道阀门已损坏或是储罐泄漏，应迅速准备好堵漏材料，然后先用泡沫、干粉、二氧化碳或雾状水等扑灭地上的流淌火焰，为堵漏扫清障碍，再扑灭泄漏口的火焰，并迅速采取堵漏措施。与气体堵漏不同的是，液体一次堵漏失败，可连续堵几次，只要用泡沫覆盖地面，并堵住液体流淌和控制好周围着火源，不必点燃泄漏口的液体。

（4）检查现场的应急处理措施

① 启动应急预案，立即向上级和相关部门报告。

② 封锁现场，人员撤离到安全区域。非应急处置人员不得进入现场。

③ 对现场的资料、设备等进行封存保全。

④ 写出书面事情经过；配合调查取证工作。

⑤ 检查同一批其他货物是否有相似的损坏情况。

⑥ 现场抢救人员应戴防毒面具并站在上风头。

⑦ 附近不准吸烟，严禁任何明火，不得开启任何电器开关。

4. 机场易燃固体、自燃物品和遇湿易燃物品安全处置

（1）破损包装件的处理。自燃物品的包装件应远离任何热源。对于遇湿易燃物品的破损包装件，避免与水接触，应用防水帆布盖好。其他的处理方法同易燃液体。

（2）洒漏处理。易燃物品洒漏量大的可以收集起来，另行包装，收集的残留物不得任意排放、抛弃，应作深埋处理。对与水反应的洒漏物处理时不能用水，但清扫后的现场可以用大量的水冲洗。

（3）扑救易燃固体、自燃物品和遇湿易燃物品的方法。此类物品发生火灾，所使用的灭火剂不得与内装物品的性质相抵触。

易燃固体中的铝铁熔剂及活泼金属，燃烧时可产生上千度的高温，与水反应，产生可燃气体（如金属钠遇水产生氢气），有燃烧、爆炸的危险，故禁止用水灭火，也不宜用卤代烷灭火剂。除活泼金属外的易燃固体原则上可以采用水、沙土及二氧化碳等灭火。

自燃物品中除烷基铝、烷基硼等少数不可用水扑救火灾外，其他自燃物品用水和沙土扑救火灾都能取得良好的效果。

遇湿易燃物品能与潮湿空气或水发生化学反应，产生可燃气体和热量，有时即使没有明火也能自动着火或爆炸，如金属钾、钠以及三乙基铝（液态）等。因此，对于遇湿易燃物品的包装件有一定数量时，绝对禁止用水、泡沫等湿性灭火剂扑救，应按照消防部门根据危险品性质而指示的方法灭火。这类物品的这一特殊性给其着火时的扑救带来了很大的困难。

对遇湿易燃物品火灾一般应采取以下基本方法。

① 首先应了解清楚遇湿易燃物品的品名、数量、是否与其他物品混存、燃烧范围、火势蔓延途径。

② 如果只有极少量（一般指 50g 以内）遇湿易燃物品，则不管是否与其他物品混存，仍可用大量的水或泡沫扑救。水或泡沫刚接触着火点时，短时间内可能会使火势增大，但少量遇湿易燃物品燃尽后，火势很快就会熄灭或减小。

③ 如果遇湿易燃物品数量较多，且未与其他物品混存，则绝对禁止用水或泡沫等湿性灭火剂扑救。遇湿易燃物品应用干粉、二氧化碳扑救，只有金属钾、钠、铝、镁等个别物品用二氧化

碳无效。固体遇湿易燃物品应用水泥、干沙、干粉、硅藻土和蛭石等覆盖。水泥是扑救固体遇湿易燃物品火灾比较容易得到的灭火剂。

对遇湿易燃物品中的粉尘如镁粉、铝粉等，切忌喷射有压力的灭火剂，以防止将粉尘吹扬起来，与空气形成爆炸性混合物而导致爆炸发生。

④ 如果其他物品火灾威胁到相邻的遇湿易燃物品，应将遇湿易燃物品迅速疏散，转移至安全地点。如因遇湿易燃物品较多，一时难以转移，应先用油布或塑料膜等防水布将遇湿易燃物品遮盖好，然后再在上面盖上棉被并淋上水。如果遇湿易燃物品堆放处地势不太高，可在其周围用土筑一道防水堤。在用水或泡沫扑救火灾时，对相邻的遇湿易燃物品应留有一定的人员力量监护。

（4）检查现场的应急处理措施

① 启动应急预案，立即向上级和相关部门报告。

② 封锁现场，人员撤离到安全区域。非应急处置人员不得进入现场。

③ 对现场的资料、设备等进行封存保全。

④ 写出书面事情经过；配合调查取证工作。

⑤ 检查同一批其他货物是否有相似的损坏情况。

⑥ 不得开启任何电器开关，严禁任何明火；使任何热源远离自燃物品。

⑦ 现场抢救人员应戴防毒面具并站在上风头。

机场遇湿易燃物品安全处置请扫描 M8-4 查看。

M8-4　机场遇湿易燃物品安全处置

5. 机场氧化剂和有机过氧化物安全处置

（1）破损包装件的处理。其他危险品（即使是包装完好）和所有易燃的材料（如纸、硬纸板、碎布等）均不准靠近氧化剂和有机过氧化物的漏损包装件，应使任何热源远离有机过氧化物的包装件，其他的处理方法同易燃液体的处理方法。

（2）洒漏处理。较大量的氧化剂洒漏，应轻轻扫起，另行灌装。这些从地上扫起重新包装的氧化剂，因接触过空气，为防止发生变化，须留在发货处适当地方，观察 24 小时以后，才能重新入库堆存，再另行处理。对洒漏的少量氧化剂或残留物应清扫干净，进行深埋处理。

（3）扑救氧化剂和有机过氧化物火灾的方法。有机过氧化物的包装件在靠近较强热源时，即使包装完好无损，里面的有机过氧化物也会变得不稳定，随时都有爆炸的危险。当发生火灾时，应将这种包装件移至安全地带，由消防部门对其进行处理。

过氧化钠、过氧化钾等无机过氧化物及过苯甲酸、过氧酸等有机过氧化物遇水会分解加强燃烧，故不可用水及泡沫灭火器灭火。有机过氧化物着火时，可用干沙、干粉灭火剂、1211 灭火器或二氧化碳灭火剂扑救。其他氧化剂都可用水灭火，但应防止溶解有氧化剂的水流到存放其他易燃、易爆物品处，以免因氧化反应而扩大火势。

（4）检查现场的应急处理措施

① 启动应急预案，立即向上级和相关部门报告。

② 封锁现场，人员撤离到安全区域。非应急处置人员不得进入现场。

③ 对现场的资料、设备等进行封存保全。

④ 写出书面事情经过；配合调查取证工作。

⑤ 检查同一批其他货物是否有相似的损坏情况。

⑥ 不得开启任何电器开关，严禁任何明火；使任何热源远离自燃物品。

⑦ 现场抢救人员应戴防毒面具并站在上风头。

⑧ 特别强调的是：氧化剂和有机过氧化物如有溢漏，应小心地收集起来，或使用惰性材料作为吸收剂将其吸收起来，然后在尽可能远的地方以大量的水冲洗残留物。严禁使用锯末、废棉

纱等可燃材料作为吸收材料，以免发生氧化反应而着火。对收集起来的遗漏物，切不可重新装入原包装或装入完好的包装件内，以免杂质混入而引起危险。应针对其特性用安全可行的办法处理或考虑埋入地下。

6. 机场毒性物质和感染性物质安全处置

（1）破损包装件的处理。收运后发现毒性物质包装件漏损，或有气味，或有轻微的渗漏时，此包装不得装入飞机和集装器，已经装入的必须卸下，认真检查同一批货物的其他包装件是否有相似的损坏情况和是否受到了污染。现场人员应避免皮肤接触此漏损的包装件，避免吸到有毒蒸气。搬运漏损包装件的人员，必须戴上专用的橡胶手套，使用后扔掉，并且在搬运后 5 分钟内必须用流动的水把手洗净。将漏损包装单独存入小库房内，通知主管人员进行事故调查和处理，并通知托运人或收货人。

收运后发现感染性物质包装件漏损，或有轻微的渗漏，此包装件不得装入飞机或集装器，已经装入的必须卸下，认真检查同一批货物的其他包装件是否有相似的损坏情况和是否已受到了污染。对漏损包装件最好不移动或尽可能少移动。在不得不移动的情况下，为减少传染的机会，应只有一人搬运。搬运时，应严禁皮肤直接接触，必须戴上专用的橡胶手套，手套使用后用火烧毁。禁止其他任何人员进入距漏损包装件 5 米的范围区域内。并且应及时将有关情况报告给环境保护部门和卫生检疫部门，包括危险品申报单上所述的有关包装件的情况、与漏损包装件接触过的全部人员名单、漏损包装件在运输过程中已经经过的地点，以及该包装件可能影响的范围。严格按照环保部门和检疫部门的要求，消除破损包装对机舱、其他货物、行李以及运输设备的污染，及时通知主管人员进行事故调查和处理，并通知托运人或收货人，此类物品的漏损包装件未经检疫部门的同意不得运输。

（2）洒漏处理。如果毒性物质的液体或粉末在库房内漏出，应通知卫生检疫部门，并由他们对污染的库房及其他货物或行李进行处理。一般来说，对固体毒性物质，通常扫集后装入其他容器中，液体货物应以沙土等松软材料浸润，吸附后扫集盛入容器中。对毒性物质的洒漏物不能任意乱丢或排放，以免扩大污染，甚至造成不可估量的危害。

对于感染性物质洒漏物，应严格按照环保部门和检疫部门的要求，消除对机舱、其他货物和行李以及运输设备的污染，对接触过感染性物质包装件的人员进行身体检查，对这些人员的衣服及该包装件进行处理。

（3）扑救毒性物质和感染性物质火灾的方法。现场人员应做好全身的防护。这类物品中的氰化钾、氰化钠等氰化物严禁用酸碱灭火器灭火，以免产生剧毒的氰化氢气体，造成扑救人员中毒。此外还有少数物品，如硒化物、氟化锆及有毒金属粉（锑粉、镀粉）不可用水灭火，其他毒性物质及感染性物品皆可用水及沙土灭火。

（4）检查现场的应急处理措施

① 启动应急预案，立即向上级和相关部门报告。

② 封锁现场，人员撤离到安全区域（至少 5 米以上）。非应急处置人员不得进入现场。

③ 对现场的资料、设备等进行封存保全。

④ 写出书面事情经过；配合调查取证工作。

⑤ 检查同一批其他货物是否有相似的损坏情况。

⑥ 现场抢救人员应避免皮肤接触漏损货物，避免吸入有毒蒸气。如有意外染上毒性物质的人员，无论是否有中毒症状，均应立即送往医疗部门检查和治疗。

7. 机场放射性物质安全处置

（1）破损包装件的处理。收运后发现包装件破损，或有渗漏现象，或封闭不严时，该包装件不得装入飞机或集装器。已经装入飞机或集装器的破损包装件必须卸下。检查同一批货物的其他包装件是否有相似的损坏情况。

搬运人员必须穿戴防护用具作业，以避免辐射。除了检查和搬运人员外，任何人均不得靠近破损包装件，采取相应的措施尽量防止事故蔓延扩大，破损包装件应放入机场专门设计的放射性物质库内。如果没有专用库房，应放在室外，并应划设出安全区，设置警戒线，悬挂警告牌。报告环境保护部门和（或）辐射防护部门，并由他们对货物、飞机及环境的污染程度进行测量和作出判断。

当包装件破损，但内装物未泄漏时，操作人员应对包装件进行修复；当内装物泄漏而造成污染或环境辐射水平增高时，就立即划定区域并做出标记，尽快进行处理；当人员受到污染后，应在辐射防护或医疗人员指导下进行去污。

通知货运部门的主管人员对事故进行调查，通知托运人或收货人。未经主管部门同意，该包装件不得运输。

（2）洒漏处理。在运输中，放射性物质包装件破损，内装物洒漏，会对周围环境造成不同程度的辐射污染。针对不同的洒漏情况我们应采取相应的处理方法。

当剂量率较小的放射性物质的外层辅助包装损坏时，应及时修复；不能修复的，应换相同的外包装。调换后的外包装的运输指数不得大于原来的运输指数，否则应按新包装修改相应的运输文件和运输标志。

当放射性矿石、矿砂洒漏时，应将洒漏物收集，并调换破损包装。

如果A、B型包装件内容器受到破坏，放射性物质扩散到外面或外层包装受到严重破坏时，运输人员不能擅自处理，应立即向公安部门和卫生其他监督机构报告事故，并在事故地点划设出适当的安全区，设置警戒区，悬挂警告牌。在划定安全区的同时，要用适当的材料进行屏蔽。对于粉末状物品，应尽快将其覆盖，以防粉尘飞扬扩大污染区域。

（3）放射性污染的清除。在运输保管过程中，及时清除放射性污染，是内外照射防护的共同要求。实践证明，清除得越及时，除污效果就越好，污染面扩散的机会也越小。清除放射性污染，并不能消除放射性，而是将污染的放射性物质转移到安全场所，以便于辐射防护。在除污过程中，首先要防止污染面扩大。除污中所产生的废液、废物也有放射性，不能随意排放、倾倒。遇有燃烧、爆炸成可能危及放射性物质包装件的事件时，应迅速将该包装件移至安全位置，并设专人看管。

由于放射性制剂的物理、化学性质不同，被污染物体的表面性质不同，所以放射性物质与被污染物体表面的结合方式不同，随之应采用的除污剂和除污染方法也不同。大致有以下一些方法。

① 金属的车辆、货舱和作业工具：一般用肥皂水或洗涤剂浸泡刷洗，再用清水冲净。

② 橡胶制品：用肥皂水或稀硝酸溶液浸泡后，再用清水冲洗干净。

③ 布质用品：一般可用肥皂水洗涤后，再用清水洗净。如污染严重，且放射性核素半衰期又较长的，宜作废物处理。

④ 正常皮肤及黏膜：首先应在辐射仪检查下确定污染范围及程度，先保护好未被污染的皮肤。然后再用温肥皂水轻拭污染区，继而用温清水洗涤，这样可以去除绝大部分的污染；如还未达到要求，可用10%的二乙胺四醋酸（EDTA）溶液或65%高锰酸钾溶液清洗，再用清水冲洗。最后用辐射仪监测，直到达到要求。

病态或破损皮肤及黏膜被污染后，要立即送往医院。

（4）扑救放射性物质火灾的方法。该类危险品着火时，可采用沙土及二氧化碳灭火。不宜用水灭火，以免放射性物质随水流散加大放射污染。现场人员应使用防辐射用具。

（5）检查现场的应急处理措施

① 启动应急预案，立即向上级和相关部门报告。

② 封锁现场，人员撤离到安全区域（至少 5 米）。非应急处置人员不得进入现场，不得靠近破损货物。

③ 对现场的资料、设备等进行封存保全。

④写出书面事情经过；配合调查取证工作。

⑤ 协助专业人员检查同一批其他货物是否有辐射情况。

⑥ 现场抢救人员应使用辐射防护用具并站在上风头。

8. 机场腐蚀性物质安全处置

（1）破损包装件的处理。收运后若发现腐蚀性物质包装件漏损，则不准装入飞机或集装器；已经装入的，必须卸下，认真检查同一批货物的其他包装件是否有相似的损坏情况和是否已受到了污染。现场人员应避免皮肤与该漏损的包装件和漏出的物质接触，避免吸入其蒸气。搬运人员，必须戴上专用的橡胶手套。

腐蚀性物质性质活泼，因此，其他危险品即使是包装完好的，也不准靠近该漏损包装件，以免发生更大的危险。及时通知主管人员进行事故调查和处理，并通知托运人或收货人。

（2）洒漏处理。腐蚀性物质洒漏时，应用干沙、干土覆盖吸收后，再清扫干净，最后用水冲刷。当大量溢出时，或干沙、干土的量不足以吸收时，可视货物的酸碱性，分别用稀碱、稀酸中和，中和时注意不要使反应太剧烈。用水冲刷时，不能直接喷射上去，而只能缓慢地浇洗，以防带腐蚀性水珠飞溅伤人。

（3）扑救腐蚀性物质火灾的方法。现场人员除防护面部外还应穿戴防护服和手套等。采用干沙土及二氧化碳灭火可达到良好效果。因一些强酸（如浓硫）、氯化物（如三氯化铝）及溴化物（如三溴化碘）等遇水反应剧烈，故只有在确认用水无危险时，才可用水扑救灭火。如扑救浓硫酸与其他可燃物品接触发生的火灾，浓硫酸数量不多时，可用大量低压水快速扑救。如果浓硫酸量很大，应先用二氧化碳、干粉等灭火，然后再把着火物品与浓硫酸分开。

（4）检查现场的应急处理措施

① 启动应急预案，立即向上级和相关部门报告。

② 封锁现场，人员撤离到安全区域。非应急处置人员不得进入现场。

③ 对现场的资料、设备等进行封存保全。

④ 写出书面事情经过；配合调查取证工作。

⑤ 检查同一批其他货物是否有相似的损坏情况。

⑥ 现场抢救人员应戴防毒面具并站在上风头。

机场腐蚀性物质安全处置请扫描 M8-5 查看。

M8-5 机场腐蚀性物质安全处置

9. 机场其他危险品安全处置

收运后若发现其他危险品的包装件有破损，则不准装入飞机或集装器；已经装入的，必须卸下，认真检查同一批货物的其他包装件是否有相似的损坏情况和是否已受到了污染。及时通知主管人员进行事故调查和处理，并通知托运人或收货人。

就目前列于该类的物品而言，皆可用水灭火。

作为机场工作人员，要掌握各类危险品事故的安全处置方法，采用先进的救援装备和技术，增强应急救援能力。

案例链接

温州机场针对危险品突发事件进行应急救援演练

“商务，值机呼叫。值机 10 号柜台前发生旅客行李液体泄漏，气味刺鼻，疑为危险品，有关人员接触到该物品后感到身体不适。现已关闭柜台疏散周边人员进行初步隔离，并通知危险品处置专员。”

“请消防大队立即出动到现场救助。”

“消防收到，马上出动。”

“请急救中心赶赴现场救护。”

“急救中心收到，马上出动。”

11 月 27 日，温州机场集团举行首次危险品泄漏应急救援桌面演练。温州市政府副秘书长率市相关应急救援部门领导组成演练督导组参加演练并指导。

此次演练首次采取场景和要素随机组合的方式，将不同的事发场景和事件状态进行随机组合，全面锻炼机场在各种情况下的危险品泄漏处置能力。其中，场景共设置飞机货舱、国内候机楼值机柜台、尊易贵宾楼、货站仓库、国内候机楼安检通道 5 种，要素拟定液体泄漏、刺鼻气味、锂电池破损或起火等 3 种。

按照计划，演练共设置两个内容。首先由演练总指挥随机选定地面服务公司按照既定预案开始演练，之后，由督导组临时设置演练条件、增加演练内容进行演练。机场地服公司以在值机柜台发生的危险品泄漏现象为背景，货站公司按照督导组指定的在货舱发生锂电池燃烧致使工作人员昏迷现象，分别从险情初现，紧接着危险品泄漏并引发人员伤害，到最后消防大队、急救中心、公安等各应急救援力量全力攻坚并成功处置进行演练。

来源：应志峰 . 温州机场针对危险品突发事件进行应急救援演练 [N]. 中国民用航空网 ,2012-12-11.

工作任务

会使用干粉灭火器

任务准备

请仔细观察图片，回答下述问题。

任务实施

① 上图所示灭火器在使用之前为什么需要摇动？
② 在室外使用灭火器应站在什么位置？
③ 上图所示灭火器能扑灭哪几种类型的火灾？

任务评价

任务评价表如表 8-4 所示。

表 8-4 《会使用干粉灭火器》工作任务评价表

班级： 姓名： 学号： 成绩：

测试内容	测试考核要点	分值	扣分	得分
职业素养	仪容仪表规范：发型自然大方；面部不浓妆艳抹，不戴奇异饰物。讲究卫生，仪容整洁	5		
	着装规范：着制式服装，着装整洁，着黑色或深棕色皮鞋	5		
	礼仪规范：面带微笑，表情自然，仪态优美，热情有礼；使用文明礼貌用语，对旅客服务沟通符合语言礼仪规范	10		
图示分析	正确回答摇动原因	20		
	正确回答室外使用灭火器的站立位置	25		
	正确回答能够扑灭的火灾类型	25		
	在规定时间内完成表述，超时扣 2 分	10		
小计		100		

任务三
急救处理

任务资讯

危险化学品事故具有突发性、复杂性、激变性、群体性，在发生重大或灾害性事故时常可导致严重事故后果，因此现场急救工作不同于一般的医疗救护工作，有其特定的内涵，再加上危险化学品事故应急救援工作常常涉及多部门和多种救援专业队伍的配合协调，致使危险化学品事故的现场急救的组织工作尤其重要。

一、中毒的途径

化学毒物所引起的中毒，可分为急性、慢性和亚急性3种。任何物质，包括固体、液体、气体，通过人体接触或进入人体后引起暂时或永久损害的，都称为急性中毒，大量毒物突然进入人体，迅速中毒，引起全身症状甚至死亡者，都是急性中毒；如少量毒物逐渐侵入人体，日积月累，慢慢引起中毒者则称为慢性中毒，亚急性中毒介于急性和慢性中毒之间。

化学毒物一般是通过以下3个途径进入人体，引起中毒的。

（1）通过消化道侵入人体。除误食外，主要是手上沾染毒物，于吸烟或进食时咽入而中毒，会导致恶心呕吐、腹痛腹泻等，如有毒物质。

（2）通过呼吸道侵入人体。大部分中毒是通过呼吸道侵入人体引起的，会导致头昏眼花、呼吸困难，如各种挥发性大的有机溶剂，化学反应产生的有毒气体、烟雾或粉尘等。

（3）通过皮肤黏膜吸收引起中毒。某些毒物通过皮肤黏膜的吸收而中毒，会出现皮疹、溃疡等皮肤损伤，如有机溶剂、农药、杀虫剂等。

无论何种途径中毒，都能导致伤者昏迷，呼吸循环受到严重伤害而造成死亡。在危险化学品的储存、运输、装卸等操作过程中，有毒性物品（毒害品）主要经呼吸道和皮肤进入人体，经消化道者较少。

二、中毒的主要临床表现

（1）消化系统。有毒性物品（毒害品）所致消化系统症状多种多样。汞盐、三氧化二砷急性中毒可出现急性胃肠炎；铅及铊中毒会出现腹绞痛；四氯化碳、三硝基甲苯可引起急性或慢性肝病。

（2）呼吸系统。一次大量吸入某些气体可突然引起窒息。长期吸入刺激性气体能引起慢性呼吸道炎症，出现鼻炎、鼻中隔穿孔、咽炎、喉炎、气管炎等。吸入大量刺激性气体可引起严重的化学性肺水肿和化学性肺炎。某些有毒性物品（毒害品）可导致哮喘发作，如二异氰酸甲苯酯。

（3）神经系统。慢性中毒早期常见神经衰弱综合征和精神症状，多属功能性改变，脱离有毒性物品（毒害品）接触后可逐渐恢复；常见于砷、铅等中毒；锰中毒和一氧化碳中毒后可出现震颤；重症中毒时可发生中毒性脑病及脑水肿。

（4）血液系统。许多有毒性物品（毒害品）能对血液系统造成损害，表现为贫血、出血、溶血等。如铅可造成低色素性贫血；苯可造成白细胞和血小板减少，甚至全血减少，成为再生障碍性贫血，苯还可导致白血病；砷化氢可引起急性溶血；亚硝酸盐类及苯的氨基、硝基化合物可引起高铁血红蛋白症；一氧化碳可导致组织缺氧。

（5）中毒性肾病。汞、镉、铀、铅、四氯化碳、砷化氢等可能引起肾损害。

此外，生产性有毒性物品（毒害品）还可引起皮肤、眼损害、骨骼病变及烟尘热等。

三、急性中毒的现场急救处理

发生急性中毒事故，应立即将中毒者及时送医院急救，护送者要向院方提供引起中毒的原因、有毒性物品（毒害品）名称等，如导致中毒的化学物不明，则须带该化学物样本及呕吐物的样品，以供医院及时检测。

如不能立即到达医院，可采取急性中毒的现场急救处理。具体急救措施如下。

（1）吸入中毒者，应迅速脱离中毒现场，向上风向转移，至空气新鲜处。松开患者衣领和裤带，并注意保暖。

（2）化学有毒性物品（毒害品）沾染皮肤时，应迅速脱去被污染的衣服、鞋袜等，用大量流动清水冲洗 15 ～ 30 分钟。头面部受污染时，首先注意眼睛的冲洗。

（3）口服中毒者，如为非腐蚀性物质，应立即用催吐方法，使有毒性物品（毒害品）吐出。现场可用自己的中指、食指刺激咽部、压舌根催吐，也可由旁人用羽毛或筷子一端扎上棉花刺激咽部催吐。催吐时尽量低头、身体向前弯曲，呕吐物不会呛入肺部。误服强酸、强碱，催吐后反而使食道再次受到严重损伤，可服牛奶、蛋清等。另外，对失去知觉者，呕吐物会误吸入肺；误喝了石油类物品，易流入肺部引起肺炎。有抽搐、呼吸困难、神志不清或吸气时有吼声者均不能催吐。

对中毒引起呼吸、心跳停者，应进行心肺复苏术，主要的方法有人工呼吸和心脏胸外挤压术。

参加救护者，必须做好个人防护，进入中毒现场必须戴防毒面具或供氧式防毒面具。如时间短，对于水溶性有毒性物品（毒害品），如常见的氯、氨、硫化氢等，可暂用浸湿的毛巾捂住口鼻等。在抢救病人的同时，应想方设法阻断有毒性物品（毒害品）泄漏处，阻止蔓延扩散。

四、危险化学品烧伤的现场抢救

危险化学品事故现场常发生爆炸和燃烧，因此伤员往往出现烧伤情况，并且常伴有复合伤。

腐蚀品与人体接触后，都能形成程度不同的腐蚀，其对人体的伤害称为化学烧伤（或化学灼伤）。具有腐蚀性的固体、液体和气体物品都会对皮肤或器官的表面（如眼睛、食道等）形成化学烧伤。

值得注意的是化学烧伤与物理烧伤有很大的不同。物理烧伤会使人立即感到强烈的刺痛，但是脱离接触后，伤害就不继续加深；而化学烧伤要经过数分钟、数小时甚至数日后才表现出它的严重伤害，所以常常被人们忽视，其危害性也就更大。例如，皮肤接触氢氟酸后，表皮腐蚀似乎并不严重，但氢氟酸会侵蚀骨骼中的钙而造成严重的后果。此外，腐蚀品与皮肤接触后，灼伤逐步加剧，会引起周围组织坏死，要清除掉粘在皮肤上的腐蚀品颇费周折，同时腐蚀品还会通过皮肤被吸收，引起全身中毒，较难痊愈。所以，化学烧伤比物理烧伤更应引起重视。

固体腐蚀品如氢氧化钠等，能烧伤与之直接接触的表皮。液体腐蚀品能很快侵害人体的大部分表皮，并能透过衣物发生作用。气体腐蚀品虽然不多，但许多液态蒸气和粉末状固体腐蚀品的粉尘，同样具有严重的腐蚀性，它们不仅能伤害人体的外部皮肤，尤其会侵害呼吸道和眼睛。而呼吸道和消化道的表面黏膜比人体表皮更容易被腐蚀，当内部器官被烧伤时，会引起炎症（如肺炎等），严重者会导致死亡。有些腐蚀品对皮肤的伤害能力很小，但对某些器官却有强烈的刺激。如稀氨水对皮肤的腐蚀作用很轻微，但如溅入眼睛，则可能引起失明。

危险化学品烧伤的现场抢救方法如下。

1. 化学性皮肤烧伤

化学性皮肤烧伤的现场处理方法是，立即移离现场，迅速脱去被化学品污染的衣裤、鞋袜等。

① 无论酸、碱或其他化学品烧伤，立即用大量流动自来水或清水冲洗创面 15 ～ 30 分钟。

② 新鲜创面上不要任意涂上油膏或红药水，不用脏布包裹。

③ 烧伤病人应及时送医院就医。

④ 烧伤的同时，往往合并骨折、出血等外伤，在现场也应及时处理。

⑤ 黄磷烧伤，应立即扑灭火焰，脱去污染的衣服，用大量清水冲洗创面及其周围的正常皮肤。冲洗水量应够大。若仅用少量清水冲洗，不仅不能使磷和其化合物冲掉，反而使之向四周溢散，扩大烧伤面积。现场缺水的情况下，应用浸透的湿布包扎或掩覆创面，以隔绝磷与空气，防止其继续燃烧。转送途中切勿让创面暴露于空气中，以免复燃。

2. 化学性眼烧伤

① 迅速在现场用流动清水冲洗，千万不要未经冲洗处理而急于送往医院。

② 冲洗时眼皮一定要掀开。

③ 若无冲洗设备，把头部埋入清洁盆水中，把眼皮掀开，眼球来回转动洗涤。

④ 生石灰遇水生成氢氧化钙并放出大量反应热，因此可引起皮肤的碱烧伤和热烧伤，相互加重。烧伤创面比较干燥，呈褐色，有痛感。而且创面上往往残存有生石灰。所以生石灰颗粒溅入眼内，用蘸石蜡油或植物油的棉签，去除颗粒。用大量清水长时间冲洗创面。

五、常见化学品中毒的急救措施

常见化学品中毒的急救措施见表 8-5 中所列。

表 8-5　常见化学品中毒的急救措施

序号	中文名称	英文名称	急救措施
1	甲烷	Methane	立即将吸入甲烷气体的患者脱离污染区，并使其进行吸氧和注意保暖。对呼吸停止的患者，应立即进行人工呼吸以及其他对应治疗
2	乙炔	Acetylene	急性吸入乙炔气体主要引起神经系统损害，应将患者转移至空气新鲜处，呼吸困难者应吸氧
3	煤气	Coal Gas	立即将患者转移至空气新鲜处，并保持安静和保暖，再送往医院治疗。患者因呼吸中枢麻痹而停止呼吸，但心脏仍搏动，必须进行人工呼吸至出现呼吸正常为止
4	正丁烷（丁烷）	Butane	立即将患者移出现场吸氧，并注意保暖。呼吸停止时应进行人工呼吸以及其他对症治疗。烧伤时应以干净衣服保护伤口，将患者转移至空气新鲜处，并送往医院治疗
5	二氧化碳	Carbon Dioxide	立即将中毒者转移至空气新鲜处平卧并保温，有呼吸衰竭时，立即进行人工呼吸
6	氟利昂 22(氯二氟甲烷)	Chlorodifluoromethane	立即将患者转移至空气新鲜处
7	乙醇	Ethyl Alcohol	吸入蒸气者应立即离开污染区，并安置其休息和注意保暖。眼部受到刺激应用水冲洗，严重者应送医治疗。口服中毒者应大量饮水，严重者应送医治疗

续表

序号	中文名称	英文名称	急救措施
8	乙醚	Ether	眼部受到刺激应用水冲洗，并送医治疗。口服中毒者应立即漱口，并送医治疗
9	丙酮	Acetone	应立即将吸入蒸气的患者带离污染区，安置其休息和注意保暖，并送医治疗。眼受到刺激应用水冲洗，严重者送医治疗。皮肤接触应先用水冲洗，再用肥皂彻底洗涤。口服中毒者应立即漱口，并送医治疗
10	甲醛溶液	Formaldehyde Solution	立即将患者转移至空气新鲜处。皮肤接触应先用水冲洗，再用酒精擦洗，最后涂上甘油
11	石油	Crude Oil	擦掉洒漏到皮肤上的液体，脱去被污染的衣服，用肥皂水冲洗患处。眼睛接触石油时应用水冲洗 15 分钟，再进一步治疗。烧伤的伤口以干净衣服保护、保暖，将患者转移至空气新鲜处，送医院治疗
12	苯	Benzene	发现作业人员面色不正常时，将患者转移至空气新鲜处，安置其休息和注意保暖，并送医治疗。皮肤接触应先用水冲洗，再用肥皂彻底洗涤。口服中毒者应立即漱口，并送医治疗
13	油漆类	Paints	立即将患者转移至空气新鲜处，安置其休息和注意保暖。严重者就医治疗。烧伤的伤口以干净衣服保护，注意身体保暖，并送医院治疗
14	钠	Sodium	眼睛接触时用水冲洗，并送医治疗。烧伤时应立即就医治疗
15	硝化棉	Nitrocellulose	中毒时，立即将患者送医院救治
16	赛璐珞	Celluoid	将患者转移至空气新鲜处，供给氧气并帮助其呼吸，保持身体温暖，严重者送医治疗
17	氢氧化钠	Sodium Hydroxide	皮肤接触时用大量水冲洗。口服中毒者应立即漱口，并送医治疗

作为机场工作人员，要全面了解灾害的情况，履行社会责任，确保科学、有效、有序施救，将损失减少到最低程度。

M8-6 危险化学品事故中的急救处理

工作任务

危险化学品烧伤的现场急救处理

任务准备

请仔细观察图片，回答下述问题。

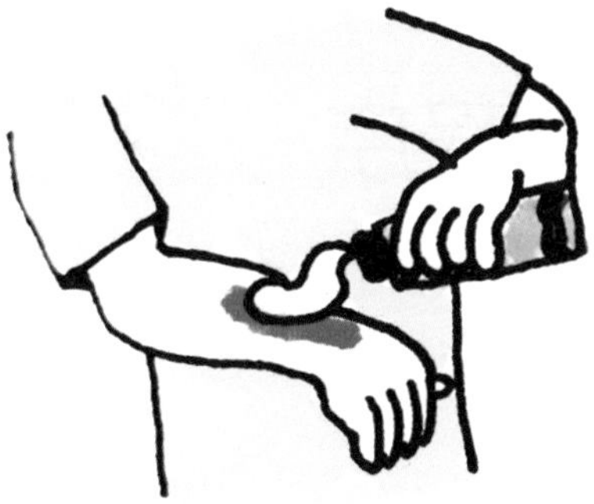

任务实施

① 请说出危险化学品烧伤的现场急救措施？
② 上面两图哪个是正确的？正确做法是什么？
③ 上面两图哪个是错误的？错误做法是什么？

任务评价

任务评价表如表 8-6 所示。

表 8-6 《危险化学品烧伤的现场急救处理》工作任务评价表

班级：　　　　姓名：　　　　学号：　　　　成绩：

测试内容	测试考核要点	分值	扣分	得分
职业素养	仪容仪表规范：发型自然大方；面部不浓妆艳抹，不戴奇异饰物。讲究卫生，仪容整洁	5		
	着装规范：着制式服装，着装整洁，着黑色或深棕色皮鞋	5		
	礼仪规范：面带微笑，表情自然，仪态优美，热情有礼；使用文明礼貌用语，对旅客服务沟通符合语言礼仪规范	10		
图示分析	正确回答危险化学品烧伤的现场急救措施	20		
	完整回答正确的处理方法	20		
	完整回答错误的处理方法	20		
	在规定时间内完成表述，超时扣 2 分	20		
小计		100		

任务四 制定排爆工作程序

任务资讯

案例引导

珠海机场举行爆炸物威胁应急救援综合演练

12月21日，珠海机场成功举行“候机楼受爆炸物威胁”应急救援综合演练。从接到匿名电话到发现爆炸物，再到安全处置，仅用了50分钟。

演练模拟珠海机场于10时30分接到匿名电话，称机场候机楼有爆炸装置。珠海机场第一时间启动应急救援方案：发布机场非法干扰黄色预警、组建现场指挥所，并对候机楼进行全面搜索。10时43分至10时58分相继于候机楼内的2楼7区花坛、大家乐餐饮店、OK便利店发现“爆炸物”，相关部门立即对“旅客”进行紧急疏散，同时将“爆炸物”移至安全地带进行处理。11时15分，爆炸物全面移除。11时20分，爆炸物隐患排除，机场解除紧急状态。

来源：张薇.珠海机场举行爆炸物威胁应急救援综合演练[N].中国民航网，2017-12-22.

作为机场工作人员，该如何了解爆炸物的应急处置呢？

随着我国改革开放政策的进一步深化，区域合作进一步加强，安检排爆在确保大型会议安全、防范和打击恐怖犯罪、维护社会安定和治安稳定上发挥至关重要的作用。

当机场发现可疑爆炸物时原则上不要轻易触动，以防止犯罪分子在爆炸装置中装有反移动装置而造成不必要的损伤。

正确的处置方法是应立即采取应急防护措施和处理手段，等待排爆人员到达现场处置。

一、排爆的组织

排除爆炸装置是指排爆人员利用各种先进、行之有效的技术器材，同时凭借长期积累的经验，对犯罪分子制造的各类爆炸装置进行解构、转移、失效，从而使爆炸装置丧失爆炸破坏作用。

由于排爆工作具有危险性大、处置难度高、策略性强的特点，处置过程中稍有疏忽，就可能触发爆炸装置的引爆系统，造成人员伤亡，因此为了避免人员伤亡和财产损失，应对爆炸装置处置进行应急处置。

1. 合理编组

现场指挥员一般由职务最高者和具有排爆专业技术特长的同志担任，排爆工作的人员编组，通常可以编为排除组、警戒组、传输组、保障组、救护组。

排除组：主要负责拆除、销毁爆炸物品（一般由武警或公安技术人员担任），通常由2～5人组成。

警戒组：负责清场及警戒工作。通常根据爆炸物品及现场情况确定人员组成（一般由武警或公安干警组成）。

传输组：保障各级信息传递及通信，将排除过程中的图像传送给现场指挥员（或负责人），通常由 2 ～ 3 人组成。

保障组：负责排爆过程中各种器材的供给，通常由 2 ～ 3 人组成。

救护组：负责救护工作，通常由 2 ～ 3 人组成。

2. 确定警戒区

警戒区的大小视情况而定。确定警戒区时要考虑到爆炸物一旦爆炸，是否能引起连锁爆炸，根据连锁爆炸可能损毁区域半径的大小而定，主要工作有：确定警戒哨位位置，规定信号及警戒人员的职责，警戒组进入哨位；组织群众撤离现场，并做好宣传工作；切断警戒区内供水、供电、供气线路。

爆炸装置发生爆炸时的破坏作用和杀伤力的大小取决于炸药的种类、质量、数量。根据观察到的现场可疑爆炸物的大小，初步判断爆炸装置的装药量（1kg 的 TNT 炸药长为 26cm、宽为 10.3cm、厚为 2.7cm），再依据装药量的大小和可疑爆炸物所处是露天还是室内来确定安全警戒区范围的大小。对于置于露天开阔地带的爆炸物，安全警戒范围为：炸药量为 10 ～ 20kg 的炸弹，安全警戒的范围为半径 300m 以上；炸药量在 3 ～ 10kg 的炸弹，安全警戒的范围为半径 200m 以上；炸药量在 1 ～ 3kg 的炸弹，安全警戒的范围为半径 100m；炸药量在 1kg 以下的炸弹，安全警戒的范围为半径 50m。另外，恐怖分子往往在爆炸装置中加装铁钉、钢球等金属碎片，以增大炸弹的破坏、杀伤力。所以，对带有金属外壳或铁质碎物的炸弹，应适当加大安全警戒范围；对可疑爆炸物在室内或在室外但是附近有高楼等坚固遮挡物的可以适当缩小安全警戒范围。

3. 查明情况

主要工作有：判明爆炸物品的种类；标出爆炸物品的位置，查清爆炸物品周围建筑、物资的性质及位置；绘制勘查报告简图。勘察人员应携带竹、铝、铜器材、记录工具、急救包等，不得携带铁制品，因为若遇到电磁性引爆装置容易发生意外，引爆爆炸装置。有需要时，可派武装人员进行掩护，保证排爆人员安全，制止无关人员或犯罪分子暴力干扰排爆工作。

4. 确定排爆方案

查明情况后，现场指挥员应组织排爆人员进行认真分析、讨论、确定排爆方案。主要内容有：

① 分析爆炸物品的种类（按装药可分为爆破杀伤类、毒剂类、燃烧类；按起爆方式可分为瞬发起爆类和定时起爆炸类）；

② 计算爆炸（包括引起连锁爆炸）的损毁半径及其范围；

③ 进一步核准警戒区域的大小；

④ 确定排爆的方式（就地拆除或移到野外排爆）；

⑤ 可能出现情况的处置方法；

⑥ 各项工作的时限。

二、排爆的实施

排爆时应尽可能防止爆炸装置发生爆炸，能够移动的爆炸装置要尽可能转移到人烟稀少、空旷安全的地方处置。不能移动的爆炸装置，要运用各种技术手段，使之变为可移动的，再行处置，或在条件允许的情况下，运用技术手段就地予以销毁或使之失效。

1. 排爆前准备

排爆前应当做好以下准备工作：

① 成立排爆现场指挥部，统一指挥作战；

② 准备排爆器材，装运上车，迅速赶到现场；

③ 划定警戒范围，落实警戒力量；

④ 组织人员撤离；

⑤ 安排医护人员、消防人员和消防设备到现场，以备抢救。

2. 排爆工作程序

（1）爆炸现场分类。爆炸现场分为已爆现场和未爆现场。

对于已爆现场的处置原则是："先搜爆、排爆，再勘查现场"。有些爆炸现场，爆炸装置制造者为了尽可能扩大爆炸影响力，在现场设置了多个爆炸装置，待处置人员勘查现场时，触发其他爆炸，从而造成更大的杀伤结果。因此对于已爆现场，在专业人员尚未进行搜爆之前，不要进行现场勘查，应按以下程序进行应急处置：

① 封锁现场，疏散群众；

② 迅速报告上级，等待专业人员；

③ 控制在场人员，收集案件情况；

④ 抢救伤员，保护现场；

⑤ 协助专业人员，进行现场处置。

未爆现场，又称可疑爆炸物涉爆现场，其处置原则分为疏散、证实、拟订方案、检查鉴别、确认、处置 6 个步骤。

（2）未爆现场排爆步骤

① 观察分析爆炸装置。利用各种器材和技术手段、工作经验检查判断爆炸装置。

② 制定排爆方案。必须经过充分论证，同时要有备用方案。

③ 排爆工作的实施。先判断爆炸物能否触动和转移，确认可以触动和转移的爆炸装置才能将其转移，在没有专用储运设备时，可将爆炸装置临时转移到洞穴、深沟、枯井或窑坑内以及附近其他空旷场地，将突然发生爆炸时产生的损失尽可能减少。经检查确认爆炸装置可以进行人工解体时应注意对不同类型的爆炸装置采取相适应的人工解体方案。

④ 排爆人员协助破案。爆炸装置被排除后，要收集爆炸事件痕迹物证，从爆炸装置的制作水平上分析犯罪嫌疑人的文化程度及职业，从所用材料上寻找材料来源，从装置安放位置上分析犯罪嫌疑人与要爆炸目标的关系及犯罪目的，从而及时破案。

案例链接

牡丹江机场开展可疑爆炸物应急处置演练

为确保"一带一路"国际高峰论坛保障期间机场安全运行，进一步提高牡丹江机场突发事件应急处置能力。4 月 21 日，牡丹江机场开展了应对候机楼遭受疑似爆炸物威胁处置演练。牡丹江机场应急救援保障部门共 100 余人参加了演练。

9 时 30 分，牡丹江机场服务人员接到威胁电话，一名男子声称在机场候机楼国内旅客休息区座椅上放置了爆炸物。牡丹江机场应急指挥中心接报后立即启动候机楼受爆炸物威胁预案，公安、消防、医疗、安检紧急出动，赶赴候机楼。同时运输服务部启动候机楼疏散预案，服务人员引导旅客离开候机楼。现场执勤公安、武警、特警立即警戒现场，封锁候机楼出入口，安检部门负责架设频率干扰仪屏蔽可能的爆炸物遥控信号。

经过现场排查，应急处置人员在候机楼休息区座椅上发现疑似爆炸物包裹。安检人员对该疑似爆炸物包裹进行爆炸物检测，初步检测结果为该包裹内无爆炸物。随后，安检人员将该包裹移至防爆罐内并转移出候机楼，交由专业防爆人员处理。9 时 37 分，随着疑似爆炸物威胁解除，演练结束。整个演练历时 7 分钟，各应急救援部门能够做到迅速响应，迅速出动，迅速处置，各单位配合较为协调，演练效果良好。

通过演练，锻炼了队伍，检验了参演单位的信息传递、应急反应、协同配合和应急处置能力，为确保机场安全运行提供了可靠保证。

来源：杨磊，苏宸轩．牡丹江机场开展可疑爆炸物应急处置演练 [N]. 中国民用航空网，2017-04-25.

三、爆炸装置的应急处置

恐怖主义是当前国际社会面临的挑战，使用爆炸物破坏并造成人员伤亡是恐怖分子常用的手法。一旦发现可疑爆炸物，就要去排除、移走、销毁，以免造成更多的人员伤亡和财产损失。

1. 手工排除法（也称人工失效法）

手工排除法又称人工失效法。人工失效法是排爆过程中不可缺少的手段之一，特别是在排爆后期，要彻底使起爆装置与炸药分离，任何装备器材都无法代替，必须使用手工排除。

手工排除法通常由专业人员实施，应备有检测仪器、防护设备、运输车辆、排爆工具等。

首先判明爆炸物种类、性能及内部结构，而后查明是否有定时装置及可能爆炸的时间、是否有诡计装置，再根据判断和查明的情况制定安全可行的方法进行处置。当确定该爆炸物无忌动装置或反排装置，而且有排除把握时，可就地利用人工技术将其解体失效。

人工解体失效可依照下列方法和步骤进行：

① 清除爆炸装置的表面和支撑物；

② 拆除爆炸装置的外包装物，剪断电雷管脚线、取出爆炸装置的电源、拆除雷管固定物、分离取出雷管、分离炸药或其他易燃易爆物品；

③ 对分解后的物品进行固定；

④ 整理排爆现场。

2. 销毁法

就地销毁，要在适当的条件和周围环境的允许下才能进行：如情况紧急，没有时间也无法运用其他方法进行处置时可就地销毁；爆炸物周围环境允许进行就地销毁；爆炸物已经进行转移，且已经处在野外或开阔地；爆炸物已经进行了必要的防护措施，一旦发生爆炸对周围危害不大时采用。

对没有反动能的爆炸装置或没有把握排除和进行失效处理的爆炸物，进行就地销毁通常可使用以下方法：利用炸药包或聚能装药对其诱爆；用爆炸物销毁器（也叫水枪）将其炸碎；用炸弹切割销毁器进行销毁；采用燃烧法进行烧毁；用激光器将其摧毁；用高功率微波扫雷枪（炮）摧毁等。

爆炸物品处于重要设施或居民区内，或在现场已经排除起爆装置，或虽然没有排除起爆装置，但判明搬运时爆炸危险概率很小，可以到远离重要目标和居民区的场所进行一次性销毁。主要工作有：在有条件的情况下，采用防爆车、防爆罐等防爆器材，将爆炸物品转移到安全场所。销毁场地选择在远离居民区及重要设施并通风的地点。距离居民区及重要目标的距离不小于 2500m，远离树林、灌木区。在危险区要设置明显警示牌和警戒哨。点火地点应设在销毁点 300m 以外的上风处，并构筑人员隐蔽所。

3. 转移法

当爆炸物位于重要场所或捆有反拆卸装置又没有把握进行失效处理时，应立即将爆炸物转移到安全地点再做失效或销毁处理。转移法选择的转移地点应该远离市区、居民区以及重要目标、重要设施或重要建筑物。在安全地点销毁爆炸物时，若恐怖爆炸物较多，应分数次销毁。该销毁地点应该进行警戒以防止无关人员误入危险区。

转移时，主要是利用技术装备器材直接接触爆炸物，使排爆人员与爆炸物之间保持一定的距离，可防止爆炸物一旦爆炸后，避免或减少对人员造成的伤害。利用转移法处置爆炸物，避开了在一些重要场所或不便于排爆的场地上进行，以免产生一些不良影响。

M8-7 爆炸装置的应急处置

销毁完毕，应组织人员对销毁场地进行严密、细致的清理工作，以防留下隐患。在飞机和车、船等封闭场所上发现爆炸物后，应迅速转移，抛投到车、船和飞机以外的安全区域。

爆炸装置的应急处置请扫描 M8-7 查看。

4. 其他应急处置方法

（1）防爆毯覆盖法。防爆毯是用防爆纤维等特殊材料编织而成的，当被覆盖的爆炸装置爆炸时，防爆毯可以阻止弹片飞散和消减爆炸所产生的冲击波造成的破坏（图 8-2）。对于没有触动的可疑爆炸物品，没有马上将其移走的必要时，可以用防爆毯虚盖在可疑爆炸物上，等待排爆人员来处理。实施覆盖时，应先用防爆围栏围住可疑物，再由两人分别扯住防爆毯四个角，轻轻地盖在可疑物上，尽量与可疑物保持一定的空间，切忌用防爆毯直接覆盖在可疑物上或用防爆毯包裹可疑物，否则会影响防爆效果，增加后期处置的难度。

（2）投入防爆罐。对于可疑爆炸物特别是处于室内的可疑爆炸物，如机场候机楼，如果已经被提动、移动过，可以将其投入事先设置的防爆罐内，等待排爆专业人员前来处置。使用此法时要注意以下几点。

① 只有当估计的可疑爆炸物内的炸药量小于防爆罐的设计抗爆能力时，才能将可疑爆炸物投入防爆罐内。否则一旦发生爆炸将造成更严重的后果。

② 在室外时可不用盖上防爆罐，而在室内时一定要盖上防爆罐的防爆盖，以减轻冲击波对顶层的破坏。

图 8-2　防爆毯覆盖法

（3）绳钩线远距离移动法。绳钩作为排爆处置器材，对于已被移动过的可疑物或未被移动过，但必须及时移走的，可以尝试用绳钩组远距离移动爆炸物将其转移到空旷的安全地带，等待排爆专业人员处置。使用时应先选择一个距可疑物 50 ～ 80m 的安全处理点，由处理点顺序放绳至可疑物，用钩子钩住可疑物，然后退回安全处理点，小心缓缓拉动绳钩，将可疑物拉至空旷安全地带，如用绳钩直接拉至安全地带有困难，可以远距离分多次拉动，直至将可疑物拉至安全地带。实施远距离绳钩组移动法时，必须保持处置人员远离可疑物（不低于

50m），并且保证现场安全距离内没有人员和重要的建筑、水、电、气等重要设施。

（4）液氮冷却法。如果爆炸物已经被人拉动或提动过，而且可疑物内有钟表等走动的异响，可以用液氮冷冻爆炸物。液氮的温度一般在 −190 ～ −180℃之间，用它冷冻可疑物品，可以在 3 秒内使钟表机械式系统失效，90 秒内使电子系统（如电池）失效，因此液氮对于冷冻大多数的定时爆炸装置和电子爆炸物非常有效。实施液氮冷冻法时，先将可疑爆炸物放入能盛放可疑爆炸物的封闭容器内（如大号保温桶），将液氮缓慢倒入，浸没爆炸物，而后保持液氮浸没可疑物的状态等待排爆人员到达。实施液氮冷却时，要注意穿戴手套等防冻伤护具。倾倒液氮时要小心操作，严防液氮冻伤人。液氮挥发后要及时添加。

（5）其他减弱爆炸威力的方法。如果发现可疑爆炸物时，手头没有任何专业器材，要根据炸弹爆炸后对周围介质产生的压力、高热以及爆炸产生的弹片、撞击等作用，采取适当的减弱爆炸威力的方法：将可疑爆炸物周围的较硬物体移走，防止爆炸时产生更多弹片；打开附近的门窗或移走周围的阻挡物，以使爆炸冲击波泻散；可将附近易燃易爆物品移走，以防爆炸后引发火灾等险情。

M8-8　爆炸装置的其他应急处置方法

爆炸装置的其他应急处置方法请扫描 M8-8 查看。

总之，以上针对可疑爆炸物的先期处置工作方法只是前期的应急措施，最终处置还应等待排爆专业人员进行现场处置。在实施前期应急处置过程中，应掌握处置可疑爆炸物的最佳时机，根据现场具体情况灵活运用，以确保人员安全为原则，要尽量远离可疑爆炸物，减少在可疑物品旁的停留时间，并及时通知排爆专业人员前来处理，切忌掉以轻心，乱拿乱放，因处理方法不当而贻误战机，造成更大的破坏和影响。

工作任务

制定排爆工作程序

任务准备

以 4 ～ 6 人的小组为单位，复习爆炸物的应急处置相关内容，并根据查阅的资料把下列内容做成 PPT 的形式。

任务实施

1. 查阅文献，制作 PPT

查找与本任务相关的案例，将获取的资料进行整理与总结，以小组为单位制作 PPT。

2. 判断爆炸现场的分类

爆炸现场分为已爆现场和未爆现场。首先对查找的案例进行判断，属于已爆现场还是未爆现场；其次要阐述所对应的排爆工作程序。

3. 制定排爆工作程序流程图

以小组为单位制定排爆工作程序流程图，将书本的内容形成初步认识，熟悉排爆工作程序等相关内容并讨论。

任务评价

任务评价主要从同学们的资料准备情况、PPT 制作与汇报情况、爆炸现场分类的判断、排爆工作程序流程图的制定以及团队合作与纪律情况几个方面进行评价，详细内容如表 8-7 所示。

表 8-7 《制定排爆工作程序》工作任务评价表

班级		姓名			得分
评价内容	分值	评定等级			
		A（权重 1.0）	B（权重 0.8）	C（权重 0.6）	
学习态度	10	学习态度认真，方法多样，积极主动	学习态度较好，能按时完成学习任务	学习态度有待加强，被动学习，延时完成学习任务	
查阅资料	10	查阅资料方法多样，资料内容丰富，整理有序、合理	查阅资料方法较单一，内容基本能满足要求	没有掌握查阅资料的基本方法，资料准备不足	
PPT 制作与汇报	20	PPT 制作精美、内容翔实、图文兼备；汇报人精神面貌好，思路清晰有条理	PPT 制作完整、内容不够丰富；汇报人能顺利讲完 PPT	PPT 制作缺乏思路，有的内容缺失，有的内容重复；汇报人词不达意	
判断爆炸现场的分类	30	爆炸现场的分类判断正确，排爆工作程序表述完整	爆炸现场的分类判断正确，排爆工作程序表述不完整	爆炸现场的分类判断错误，排爆工作程序表述不完整	
制定排爆工作程序流程图	30	流程图内容完整、形式精美	流程图内容完整、形式一般	流程图内容不完整、形式一般	
总计得分					

项目评价

一、判断题（正确的画“√”，错误的画“×”）

1. 如果化学品为液体，泄漏到地面上时会四处蔓延扩散，难以收集处理。为此需要筑堤堵截或者引流到安全地点。（　　）

2. 对于小型泄漏，可选用隔膜泵将泄漏出的物料抽入容器内或槽车内。（　　）

3. 当泄漏量大时，可用沙子、吸附材料、中和材料等吸收中和。（　　）

4. 为降低物料向大气中的蒸发速度，可用泡沫或其他覆盖物品覆盖外泄的物料，在其表面形成覆盖层，抑制其蒸发。（　　）

5. 接触化学品人员须按规定穿戴防护用品。（　　）

6. 扑救爆炸物品火灾能用沙土盖压。（　　）

7. 二硫化碳着火不能用水扑救。（　　）

8. 水泥是扑救固体遇湿易燃物品比较容易得到的灭火剂。（　　）

9. 扑救毒害品、腐蚀品火灾，灭火人员必须穿着防护服，佩戴防护面具。（　　）

10. 扑救爆炸物品火灾切忌用沙土盖压，以免增强爆炸物品爆炸时的威力。（　　）

11. 导火索的灭火剂是大量水，严禁用沙土压盖。（　　）

12. 扑救易燃液体火灾时应掌握着火液体的品名、相对密度、水溶性、毒性、腐蚀性等危险性，以便采用相应的灭火和防护措施。（　　）

13. 小面积液体火灾（100m^2以内）可用雾状水扑灭，用泡沫、干粉、二氧化碳灭火更有效。（　　）

14. 任何物质，包括固体、液体、气体，通过人体接触或进入人体后引起暂时或永久损害的，都称为慢性中毒。（　　）

15. 发生急性中毒事故，应立即将中毒者及时送医院急救。（　　）

16. 吸入中毒者，应迅速脱离中毒现场，向下风向转移，至空气新鲜处。松开患者衣领和裤带，并注意保暖。（　　）

17. 化学有毒性物品（毒害品）沾染皮肤时，应迅速脱去被污染的衣服、鞋袜等，用大量流动清水冲洗15～30分钟。头面部受污染时，首先注意眼睛的冲洗。（　　）

18. 口服中毒者，如为腐蚀性物质，应立即用催吐方法，将有毒性物品（毒害品）吐出。（　　）

19. 对中毒引起呼吸、心跳停者，应进行心肺复苏术。（　　）

20. 护送者要向院方提供引起中毒的原因、有毒性物品（毒害品）名称等，如导致中毒的化学物不明，则需携带该化学物样本及呕吐物的样品，以供医院及时检测。（　　）

二、多项选择题

1. 机场危险化学品识别和检测方法有（　　）。

A. 根据容器标志识别

B. 根据物化性质识别

C. 根据中毒症状识别

D. 利用计算机专家系统进行模糊识别

E. 借助专业器材进行检查与监测

2. 泄漏物的处理方法有（　　）。

A. 围堤堵截　　B. 稀释与覆盖　　C. 收容　　D. 废弃

3. 排爆工作的组织原则有（　　）。

A. 合理编组　　B. 确定警戒区　　C. 查明情况　　D. 确定排爆方案

4. 排爆前的准备工作有（　　）。

A. 成立排爆现场指挥部

B. 准备排爆器材

C. 划定警戒范围

D. 组织人员撤离

E. 安排医护、消防人员

三、简答题

1. 防爆毯覆盖法如何应用？
2. 将爆炸物周围的较硬的物体移走的目的是什么？
3. 减弱爆炸威力的方法有哪些？
4. 请简述爆炸装置处置技术中的转移法。
5. 请简述爆炸装置的应急处置方法。

M8-9 参考答案

项目九

综合实训与考核

学习目标

能力目标

能正确识别与处置危险品。

知识目标

（1）掌握机场前传检查岗位、人身检查岗位和开箱包检查岗位对危险品和爆炸物的识别与处置。

（2）掌握禁止旅客随身或托运的危险品种类。

素质目标

（1）树立爱国主义思想、风险忧患意识，爱岗敬业，遵纪守法。

（2）树立良好的职业道德，养成严谨细致、吃苦耐劳的职业习惯和职业素养。

综合实训考核项目分为识别与处置危险品、识别与处置爆炸物、处置危险品事故，对接机场安检防爆检查岗位、前传检查岗位、人身检查岗位和开箱包检查岗位的要求，学生分为若干工作小组，个人操作及团队协作相结合，完成实训及考核任务。

综合实训考核充分利用教学实训场地，采用口试与实训操作考核相结合的形式，综合对学生技能进行评价。同学们应掌握每个模块的操作规程和技术规范，具有一定的独立工作能力。

任务一 识别与处置危险品

任务准备

实训器材：登机牌、锂离子电池设备充电宝、打火机燃料、双飞人药水等。

任务实施

1. 识别与处置杂项危险品

运用前传岗位规范用语识别充电宝，确认锂电池的具体性能参数是否符合要求并做出正确处置。

2. 识别与处置易燃液体

在安检现场识别打火机燃料、双飞人药水等易燃液体，并对易燃液体进行处置。

3. 撰写总结报告

任务评价

任务评价主要从同学们的职业素养、识别与处置杂项危险品的情况、识别与处置易燃液体的情况以及总结报告撰写质量几个方面进行评价，详细内容如表 9-1 所示。

表 9-1 《识别与处置危险品》工作任务评价表

班级：　　　　姓名：　　　　学号：　　　　成绩：

评价内容	配分	评价标准	得分
职业素养	5	仪容仪表规范：发型自然大方；面部不浓妆艳抹，不戴奇异饰物。讲究卫生，仪容整洁	
	5	着装规范：着制式服装，着装整洁，着黑色或深棕色皮鞋	
	10	礼仪规范：面带微笑，表情自然，仪态优美，热情有礼。使用文明礼貌用语，对旅客服务沟通符合语言礼仪规范	
识别与处置杂项危险品	30	前传岗位用语规范、能够确认锂电池的具体性能参数是否符合要求并做出正确处置	
识别与处置易燃液体	30	在安检现场识别易燃液体方法正确，并对易燃液体能够正确处置	
撰写报告	20	报告格式规范，内容完整，思路清晰有条理	
合计	100		

任务二 识别与处置爆炸物

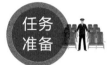

任务准备

实训器材：防护用品、金属探测器、箱包、易燃易爆物品。

任务实施

1. 情景模拟防爆安全检查流程

采用正确的流程进行防爆安全检查，为旅客提供文明热情服务。

2. 旅客人身及随身物品的安全检查与处置（人身检查）

人身检查操作识别易燃易爆物品，人身检查员发现爆炸物时进行处置。

3. 旅客人身及随身物品的安全检查与处置（开箱包检查）

开箱包检查操作识别易燃易爆物品，开包员发现爆炸物时进行处置。

4.　撰写总结报告

任务评价

任务评价主要从同学们的职业素养、防爆安全检查流程、旅客人身及随身物品的安全检查与处置情况以及总结报告撰写质量几个方面进行评价，详细内容如表 9-2 所示。

表 9-2 《识别与处置爆炸物》工作任务评价表

班级：　　　　　　　　姓名：　　　　　　　　学号：　　　　　　　　成绩：

评价内容	配分	评价标准	得分
职业素养	5	仪容仪表规范：发型自然大方；面部不浓妆艳抹，不戴奇异饰物。讲究卫生，仪容整洁	
	5	着装规范：着制式服装，着装整洁，着黑色或深棕色皮鞋	
	10	礼仪规范：面带微笑，表情自然，仪态优美，热情有礼。使用文明礼貌用语，对旅客服务沟通符合语言礼仪规范	
防爆安全检查与处置	20	防爆安全检查流程正确，防爆检查员发现爆炸物时的处理方法正确	

续表

评价内容	配分	评价标准	得分
旅客人身及随身物品的安全检查与处置（人身检查）	20	人身检查操作识别易燃易爆物品准确无误，人身检查员发现爆炸物时的处理方法正确	
旅客人身及随身物品的安全检查与处置（开箱包检查）	20	开箱包检查操作识别易燃易爆物品准确无误，开包员发现爆炸物时的处理方法正确	
撰写报告	20	报告格式规范，内容完整，思路清晰有条理	
合计	100		

任务三 处置危险品事故

任务准备

复习危险品事故的安全处置相关内容。

任务实施

1. 机场腐蚀性物质安全处置

采用口试的方法阐述腐蚀性物质破损包装件的处理、洒漏的处理、扑救腐蚀性物质火灾的方法、检查现场的应急处理措施。

2. 会使用干粉灭火器

阐述干粉灭火器的使用方法和注意事项。

3. 撰写总结报告

任务评价

任务评价主要从同学们的职业素养、机场腐蚀性物质安全处置情况以及总结报告撰写质量几个方面进行评价，详细内容如表 9-3 所示。

表 9-3 《处置危险品事故》工作任务评价表

班级：　　　　姓名：　　　　学号：　　　　成绩：

评价内容	配分	评价标准	得分
职业素养	5	仪容仪表规范：发型自然大方；面部不浓妆艳抹，不戴奇异饰物。讲究卫生，仪容整洁	
	5	着装规范：着制式服装，着装整洁，着黑色或深棕色皮鞋	
	10	礼仪规范：面带微笑，表情自然，仪态优美，热情有礼。使用文明礼貌用语，对旅客服务沟通符合语言礼仪规范	
机场腐蚀性物质安全处置	30	能够对机场腐蚀性物质事故进行安全处置	
会使用干粉灭火器	30	干粉灭火器的使用方法和注意事项阐述准确	
撰写报告	20	报告格式规范，内容完整，思路清晰有条理	
合计	100		

参考文献

[1] 马丽珠，吴卫锋 . 民航危险品货物运输 [M]. 北京 : 中国民航出版社 , 2008.

[2] 张莉 . 机场危险品与爆炸物安全处置 [M]. 北京 : 中国民航出版社 , 2010.

[3] 邵咏亮 . 民航安检违禁物品 [M]. 北京 : 中国民航出版社 , 2018.

[4] 中国民用航空局职业技能鉴定指导中心 . 民航安全检查员 [M]. 北京 : 中国民航出版社 , 2016.

[5] 白燕 . 民航危险品运输基础知识 [M]. 北京 : 中国民航出版社 , 2010.

[6] 刘蕴络 . 爆炸装置的分类 [J]. 劳动安全与健康 , 2001（06）.